"十四五"职业教育山东省规划教材

出 纳 实 务

主　编　魏亚丽　盖丽玮

副主编　姜佰慧　高晓华　曹　倩

参　编　于　淼　解国盛　杨丽媛

北京理工大学出版社
BEIJING INSTITUTE OF TECHNOLOGY PRESS

图书在版编目（CIP）数据

出纳实务 / 魏亚丽，盖丽玮主编 . -- 北京 : 北京
理工大学出版社，2021.11
ISBN 978-7-5763-0773-3

Ⅰ . ①出… Ⅱ . ①魏… ②盖… Ⅲ . ①出纳 – 会计实
务 – 中等专业学校 – 教材 Ⅳ . ①F231.7

中国版本图书馆 CIP 数据核字（2021）第 258872 号

出版发行 / 北京理工大学出版社有限责任公司		
社　　址 / 北京市海淀区中关村南大街 5 号		
邮　　编 / 100081		
电　　话 /（010）68914775（总编室）		
（010）82562903（教材售后服务热线）		
（010）68944723（其他图书服务热线）		
网　　址 / http://www.bitpress.com.cn		
经　　销 / 全国各地新华书店		
印　　刷 / 定州市新华印刷有限公司		
开　　本 / 889 毫米 × 1194 毫米　1/16		
印　　张 / 12.5		责任编辑 / 时京京
字　　数 / 299 千字		文案编辑 / 时京京
版　　次 / 2021 年 11 月第 1 版　2021 年 11 月第 1 次印刷		责任校对 / 刘亚男
定　　价 / 47.00 元		责任印制 / 边心超

前言 Preface

出纳作为财务工作的起点，是会计核算最基础的工作，是企业财务会计核算的重要组成部分。出纳人员负责企业款项收付以及票据印鉴的保管等工作，因此，出纳岗位对从业者具有较高的要求，不仅要有扎实的专业知识，还要具备高尚的职业道德。

本教材以就业为导向，以能力为本位，遵循职业教育规律和学生身心发展规律，合理安排教材知识体系，对接职业人才标准要求，以培养出纳实操能力为目标，以出纳岗位业务为主线，以企业日常发生的经济业务为个案，全面系统地介绍了出纳人员必备的岗位技能知识及业务处理流程；以最新版仿真的凭证资料，展示经济业务涉及的单、证、票、章等，增强感性认识，使学生可以快速掌握和提升工作技能，从而迅速具备上岗的能力。

本教材具有以下几个方面的特点：

1. 实务性强

本教材依据中等职业学校会计专业人才培养方案，围绕出纳岗位工作职责，以企业出纳工作的实际需要为主线，认真贯彻"做中学，做中教"的教学理念，以实训教学为出发点，以培养学生实际工作能力为目标，全面、详细介绍了出纳工作常见业务的处理流程与方法，具有较强的实用性。

2. 内容全面

本教材在编写过程中，始终贯彻以学生为主体，紧密结合出纳岗位的工作实际，围绕出纳岗位实训基本知识、出纳员职业素养、出纳员基本技能训练的要求进行总结。本教材将出纳应具备的职业能力、知识素养归纳为出纳岗位认知、现金核算业务、银行结算业务、网上收付款业务、月末及其他业务五个方面，涵盖了出纳工作中的常规业务。

3. 设计思路合理

本教材为学生提供了相对通用和规范的出纳工作思路与方法，基于出纳岗位工作应具备的知识点和技能点进行了详尽的阐述，力图通过模拟情境学习，使学生明确出纳岗位业务办理流程，掌握相关的知识与技能。本教材包含的最新版仿真原始票据，也更好地呈现了出纳

工作的场景、工具和资料，从而使学生更好地融入实操环境中，能够精准判断工作情景及规范程度，为未来工作打下坚实的专业基础。

4.知识点通俗易懂

本教材采用情景模拟的编写思路，结合典型案例、场景故事等多种教学方式，阐述工作的流程顺序，由浅入深进行讲解。这可使学生能够将理论知识与实际业务结合起来，最终使出纳人员快速掌握不同类型的票据办理、资金的收付等工作。

本教材适用于中等职业学校会计专业及其他相关专业的教学用书，也可供出纳员培训资料使用，并可作为社会从业人员的参考读物。

本教材由魏亚丽、盖丽玮担任主编，另有具有扎实专业知识的一线教师和具有丰富实践经验的企业专家组成的优秀参编团队。全书的编撰倾注了编写团队大量的心血和智慧，笔者相信，本教材一定会为读者的学习和工作提供帮助。同时，也恳请读者对书中存在的不足及时指正，我们将不断对教材进行修订和完善，使其真正成为会计专业师生和出纳人员的良师益友。

目录 *Contents*

开　篇

　　山东省鲁万食品有限公司（以下简称"鲁万公司"），是一家集食品加工、销售为一体的制造企业，坐落于山东省济南市利华路 286 号。

　　该公司执行《企业会计准则》。

　　公司有行政部、销售部、采购部、财务部和生产车间五个部门。财务部门负责人为林国昌，另有会计方玉平和出纳员刘红。现出纳员刘红因个人原因需调离工作岗位，公司需要招聘一名新出纳员。

　　2021 年 8 月 1 日，刚刚中职会计专业毕业的李小玲到鲁万公司应聘出纳岗位。李小玲觉得自己学了 3 年的会计知识，学习成绩优异，一定能够胜任出纳工作。面试开始后，招聘负责人请李小玲作一下自我介绍，李小玲很自信地介绍了自己的相关情况。听完她的自我介绍，招聘负责人说："请你简单描述一下出纳岗位的工作职责。"李小玲思考片刻后回答道："出纳工作就是跑跑银行、管管钱。"招聘负责人摇了摇头："出纳工作没那么简单。虽然你没有工作经验，但是鉴于你的自信和学习成绩，我们还是决定先试用一下，你要好好学习啊。"

　　开始工作后，李小玲才真正体会到做一名合格的出纳员真的不简单。

　　经过认真的学习和不断的努力，李小玲于 2021 年 9 月 1 日正式接替了刘红的工作。

山东省鲁万食品有限公司基本情况

一、企业主体概况

　　企业名称：山东省鲁万食品有限公司（简称"鲁万公司"）
　　地址：济南市利华路 286 号

邮编：250000

企业类型：制造业（增值税一般纳税人）

经营范围：食品加工、销售

法人代表：陈志华

电话：0531-50804181

纳税人登记号：91370105635697621X

开户银行：中国工商银行股份有限公司济南利华支行

账号：2506020010408864387

经营规模：年营业额约 2 000 万元人民币

注册资本：500 万元人民币

二、企业部门及职员档案

（1）山东省鲁万食品有限公司的部门档案，如表 1 所示。

表 1 公司部门档案

部门编码	部门名称	部门编码	部门名称
1	行政部	4	财务部
2	销售部	5	生产车间
3	采购部		

（2）山东省鲁万食品有限公司的职员档案，如表 2 所示。

表 2 公司职员档案

编号	职员姓名	所属部门	编号	职员姓名	所属部门
001	陈志华	行政部	005	方玉平	财务部
002	赵林峰	销售部	006	李小玲	财务部
003	苏波	采购部	007	高华庆	生产车间
004	林国昌	财务部	008	徐文欣	生产车间

（3）山东省鲁万食品有限公司财务部有三名员工，分工如表 3 所示。

表 3 财务人员分工及其权限

编号	姓名	职位	电算化工作权限
0001	林国昌	会计主管	账套主管
0002	方玉平	会计	公用目录权限、总账所有权限
0003	李小玲	出纳员	公用目录权限、出纳管理所有权限

注：出纳员李小玲身份证号码：370123199803258266

三、企业会计政策与核算方法

（1）执行《企业会计准则》。

（2）银行核定本厂的库存现金限额为 10 000 元；公司财务制度规定，支出金额 1 000 元以下（含 1 000 元），需经财务主管审批，超过 1 000 元的，需经总经理审批。

（3）存货按实际成本核算，采用（月末一次）加权平均法结转发出存货的成本。

（4）固定资产采用平均年限法计算折旧额。房屋建筑类的折旧年限为 20 年，机器设备类的折旧年限为 10 年，其他固定资产的折旧年限为 5 年。

四、公司印章及预留银行印签

（1）公司章。

公司章如图 1 所示。

图 1　公司章

（2）山东省鲁万食品有限公司的银行印鉴卡如图 2 所示。

账号	250602001040886437	户　名	中国工商银行股份有限公司济南利华支行	
地址	济南市利华路 286 号	联系电话	0531–50804181	
预留印鉴式样		使用说明		
				启用日期 2014 年 10 月 1 日

图 2　中国工商银行印鉴卡

教学项目1

出纳岗位认知

学习目标

1. 了解出纳的概念及工作内容；
2. 掌握手持式单指单张点钞法的基本环节和基本方法；
3. 掌握辨别真假人民币的主要方法；
4. 熟悉保险柜与点钞机的管理要求与使用方法及计算器的操作方法；
5. 掌握阿拉伯数字及汉字大写数字书写的基本要求；
6. 掌握印鉴的使用方法；
7. 熟悉出纳工作交接的内容及程序；
8. 掌握凭证的购买及保管。

任务1.1　了解出纳岗位职责

任务描述

2021年8月16日，李小玲到鲁万公司财务部报到，会计主管林国昌热情地接待了她，并叮嘱即将调离出纳岗位的刘红尽快带李小玲熟悉出纳工作。刘红笑着对李小玲说："小玲，理论和实践是有一定差别的，从今天起我就带你熟悉出纳岗位的职责与工作方法。我先告诉你出纳员工作的具体内容吧，你也好对你的工作心中有数！"李小玲需完成以下任务：

1. 理解出纳员的职业定位；

2. 熟悉出纳岗位职责。

知识准备

人们通常所说的"出纳"，指的是做出纳工作的人。一般人看来，出纳工作就是和钱打交道，每天跑跑银行、点点钞票、记记账。其实不然，出纳岗位是会计工作的重要岗位，责任重大。要想成为一名合格的出纳工作人员，首要任务就是要明确出纳人员的工作职责。

一、出纳人员的职业定位

出纳，顾名思义，出即支出，纳即收入。当然，也可以从广义和狭义两个方面来定义。广义上的出纳指出纳工作、出纳核算和出纳人员；狭义上的出纳是指出纳人员按照有关规定和制度，办理本单位的现金收付、银行结算、税务工商等有关业务，处理相关账务，保管库存现金、有价证券、财务印章及有关票据等工作的总称。

二、出纳人员的工作内容

出纳人员工作内容主要包括以下几点：

1. 资金收付与银行结算业务

资金收付业务，主要包括日常办理银行存款收付和现金收付业务。

2. 票据管理

票据管理主要是对银行支票（现金支票和转账支票）、汇票（银行汇票和商业汇票）、本票等的管理。

3. 凭证处理与日记账登记

根据会计制度相关规定，在办理现金和银行存款收付业务时，要严格审核有关原始凭证，据以编制记账凭证，依业务发生顺序逐日逐笔登记现金日记账和银行存款日记账，并结出账户余额。

4. 员工工资的发放与支付业务办理

每月根据审核签字的"工资支付清单"，提前准备资金以备工资发放日发放工资，或者到银行办理委托支付业务。

5.库存现金与有价证券保管

出纳员应根据企业规章制度做好本企业库存现金、有价证券的保管工作。

6.办理外汇出纳业务

根据国家外汇管理制度，及时办理结汇、购汇、付汇，避免国家外汇发生损失。

7.印章、空白收据、空白支票的保管

企业的财务专用章与出纳员名章实行分管制。交由出纳员保管的出纳印章，出纳员应严格按照规定用途使用。各种票据要办理领用和注销手续。

三、出纳岗位职责

根据出纳工作任务，出纳岗位的具体职责可概括为以下几项：

（1）熟练点钞、验钞技能，熟悉保险柜及计算器等器具的使用；

（2）购买和保管各种空白支票、票据、印鉴；

（3）保管现金及各种有价证券，确保其安全与完整；

（4）办理现金收付业务；

（5）办理银行结算业务；

（6）审核有关原始凭证，根据收付款记账凭证逐日逐笔顺序登记现金日记账和银行存款日记账，并结出余额；

（7）定期盘点现金，保证账实相符；

（8）核对银行存款日记账与银行对账单；

（9）编制资金报告。

四、出纳与会计的工作关系

出纳与会计的工作关系如表1-1-1所示。

表1-1-1 出纳与会计的工作关系

	出纳	会计
区别	出纳负责公司的银行票据、货币资金、有价证券等的收付、保管和核算以及银行账户的管理工作，同时要登记现金日记账和银行存款日记账。出纳不得负责会计档案的管理、会计稽核、收入费用账簿的登记和往来账簿的登记等工作	会计负责编制记账凭证和报表、会计账项调整、会计稽核和会计档案的管理工作 会计不得管钱、管物
联系	出纳和会计都是财务上的岗位，出纳为会计提供原始的银行和现金单据，会计登记入账。出纳和会计需要协调一致，共同完成经济业务的记录工作，这两个岗位是相互依赖和相互牵制的	

任务 1.2　点验钞票

情景引例

　　刚刚开始上班的李小玲跟着师傅刘红到开户银行办理存款业务。刘红一边让李小玲仔细观察银行柜员的点钞技术，一边对李小玲说："你看，她的点钞技术非常娴熟，你也应该达到这样的水平。"李小玲的内心也渐渐意识到自己在学校里学到的专业知识侧重理论，缺少系统化的技能训练，而出纳工作却需要综合的技能和经验。于是，她下决心从学习点钞技能开始，刻苦钻研，以提升自身的业务水平，提高工作效率。

子任务 1.2.1　点钞

任务描述

　　2021 年 8 月 17 日，李小玲看到师傅刘红上班后的第一件事情就是打开保险柜，清点当天的库存现金 1 500 元。这时有职工交来安全罚款 1 000 元，刘红接过 1 000 元钞票，反复快速清点、确认金额无误后，才给这位职工开具安全罚款 1 000 元的收据。看到师傅刘红有条不紊地办理业务，李小玲决定跟经验丰富的同事们从基本功开始学习，扎实地进行点钞练习。出纳员李小玲需要完成以下任务：

　　1. 领会点钞的基本要领；

　　2. 掌握手持捻弹式单指单张点钞法的基本方法。

知识准备

手持捻弹式单指单张点钞法

　　手持捻弹式单指单张点钞法，是最基本、最常用的点钞方法。它的适用范围比较广，可用于收付款的初点、复点以及各种新、旧、大、小面额钞券的整点。采用这种方法，逐张捻动，易于识别真假票币，便于挑剔残损钞券，最适合收银员收款时使用。基本工序可分为以下几个环节：

1. 起把

左手横执钞券，将钞券横立于桌面上，钞券正面朝向身体。将钞券左端夹在左手中指、无名指之间，且尽量靠近手指根部；左手拇指扶在钞券上部内侧边沿处，食指伸开，其他手指自然弯曲，左手腕向内弯扣。

2. 拆把

若需清点的钞券已捆扎，需将扎钞条拆掉。起把持钞后，将食指向前伸，向后用力将扎钞条勾断，如图1-2-1所示。

3. 持钞

拆把后，左手中指和无名指夹紧钞券左端，拇指按住钞券内侧将钞券向外翻推，推出一个微开的扇面形状，食指伸直托住钞券背面，使钞券自然直立与桌面基本垂直，如图1-2-2所示。同时，右手拇指、食指、中指沾点钞蜡做点钞准备，注意点钞蜡不宜沾太多，以免弄污钞券，造成粘连。

图1-2-1　拆把

图1-2-2　持钞

4. 清点

左手持钞推开扇面后，右手食指、中指托住钞券右上角，拇指指尖将钞券自右上角向下方逐张捻动，如图1-2-3所示；捻动时幅度要小、要轻，无名指同时配合拇指将捻动的钞券向右手手心方向弹拨，拇指捻动一张，无名指弹拨一张。左手拇指随着点钞的进度逐步向后移动，食指向前推移钞券，以便加快钞券下落的速度。

清点过程可分为初点和复点，初点时发现残损钞券不宜接着抽出，以免带出其他钞券，最好的办法是随手向外折叠，使钞券伸出外面一截，待点完整把钞券后，再抽出残票补上好票。若发现可疑券还应进行真伪鉴别。

图1-2-3　清点

5.计数

计数要与清点同时进行，采用单数分组计数法计数。把10作1计，1，2，3，4，5，6，7，8，9，1（10）；1，2，3，4，5，6，7，8，9，2（20）……以此类推，数到1，2，3，4，5，6，7，8，9，10（100）时，即整100张为一把。采用这种计数法计数的优点，是将十位数的两个数字变成一个数字，既简单快捷，又省力好计。但在计数时要默记，手、眼、脑密切配合，这样才能既快又准。

6.扎把

扎把前，先将整点准确的100张钞券在桌面上蹾齐，使其四条边整齐光滑，然后左手持钞，右手取扎钞条将钞券捆扎牢固。扎把方法可依据自己的习惯，采用向上缠绕捆扎法或向下缠绕捆扎法，如图1-2-4所示。

7.盖章

钞券扎把后，要在钞券侧面的纸条上盖上点钞人员的名章，以明确责任。盖章要清晰可见，不能模糊不清。

图1-2-4　扎把

知识拓展

扎把的方法

（1）左手横执蹾齐的钞券，左手拇指在内，其余四指在外握住钞券左端，五指配合将钞券握成一个弧形，如图1-2-5所示。

（2）左手食指将钞券上侧分开一条缝，右手拇指、食指和中指捏住扎钞条一端，将其插入钞券上侧缝中，或不将钞券开缝，直接将纸条一端贴在钞券背面，用左手食指、中指将纸条压住，如图1-2-6所示。

图1-2-5　握钞

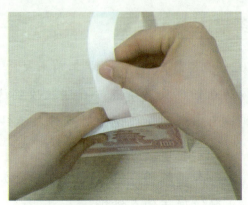

图1-2-6　压条

（3）右手拇指、食指和中指捏住纸条，缠绕时，前半圈用中指和无名指夹紧纸条进行缠绕，后半圈用中指和食指夹紧纸条，由上往下向里侧缠绕两圈半至钞券上端，如图1-2-7、图1-2-8、图1-2-9所示。

图1-2-7　前半圈缠绕

图1-2-8　后半圈缠绕

图1-2-9　缠绕完毕

（4）将扎钞条折成45°角，用右手食指将扎钞条插入扎钞条圈内，并用右手大拇指将折角压平，以防纸条松脱，如图1-2-10、图1-2-11所示。

图1-2-10　掖条

图1-2-11　捆扎完毕

子任务 1.2.2　验钞

任务描述

2021年8月18日，有职工前来交赔偿款1 500元。刘红接过钞票后，手工清点了一遍，又用防伪点钞机反复清点，直到款项确认无误后，才给该职工开具了收据。李小玲看到后，意识到作为出纳，管理现金时点钞与验钞都是十分重要的环节。出纳员李小玲需要完成以下工作：

1. 掌握人工辨别真假人民币的主要方法；

2. 正确使用防伪点钞机。

知识准备

人民币的鉴别方法分为人工鉴别和机器鉴别。

一、人工鉴别

人工鉴别人民币的具体方法如表1-2-1所示。

表1-2-1　人工鉴别人民币的具体方法

鉴别方法		内容
看	水印	第五套人民币各券别纸币的固定水印位于券别纸币票面正面左侧的空白处，迎光透视，可以看到立体感很强的水印。100元、50元纸币的固定水印为毛泽东头像图案，20元、10元、5元纸币的固定水印为花卉图案
	安全线	第五套人民币纸币在各券别票面正面中间偏左，均有一条安全线。迎光透视，100元、50元纸币的安全线，分别可以看到微小的缩微文字"RMB100""RMB50"，仪器检测均有磁性；20元纸币的安全线，是一条明暗相间的安全线；10元、5元纸币的安全线为全息磁性开窗式安全线，即安全线局部埋入纸张中，局部裸露在纸面上，开窗部分分别可以看到由微缩字符"¥10""¥5"组成的全息图案，仪器检测有磁性
	光变油墨金额数字	第五套人民币100元券和50元券正面左下方的面额数字采用光变油墨印刷。将垂直观察的票面倾斜到一定角度时，100元券的面额数字会由绿色变为蓝色；50元券的面额数字则会由金色变为绿色
	"孔方"图案对接	真币正面自左1/4和背面自右1/4中心处，分别印有半个"孔方"古币的阴阳互补对印图案。迎光透视，两幅图案能准确对接，组合成一个完整的古钱币图案。而假币几乎无法对接出完整图案或对接出现间隙
摸	凹凸感	真币正面上的毛泽东图案衣领、左上部的国徽、"中国人民银行"行名、右上角面额数字、盲文及背面人民大会堂等均采用雕刻凹凸印刷，用手指触摸有明显的凹凸感
听		抖币识别即要抖动钞票使其发出声响，根据声音来分辨人民币真伪。人民币的纸张，具有挺括、耐折、不易撕裂的特点。手持钞票用力抖动、手指轻弹或两手一张一弛轻轻对称拉动，能听到清脆响亮的声音。而假币纸张绵软、韧性差、易断裂，抖动时声音发闷
测		借助一些简单的工具和专用的仪器来分辨人民币的真伪。如借助放大镜可以观察票面线条清晰度、凹印缩微文字等；用紫外光灯照射票面，可以观察钞票纸张和油墨的荧光反应；用磁性检测仪可以检测黑色横号码的磁性

二、机器鉴别

出纳人员直接接触现金较为频繁，而目前制造伪钞的技术越来越高，人工鉴别现钞的真伪确实很难。为使出纳人员的工作风险降到最低，保证现金的安全完整，达到分毫不差的工作质量要求，单位可使用"多功能防伪点钞机"。多功能防伪点钞机的鉴伪灵敏度和快速点钞功能，是人工操作所不及的；并且它能全面兼容新旧版人民币，适用于银行、商场、宾馆及单位对人民币、外币及各种有价证券进行自动鉴伪和点钞。

图1-2-12　多功能防伪点钞机

多功能防伪点钞机使用也较为简便，在清点过程中，发现假币时，机器自动停止，并发出"嘀嘀"的报警信号，同时显示器指示该假钞票所在张数位置。取出伪钞，按复位键，报警声音即消除，机器继续正常工作，如图1-2-12所示。

> **提示**
>
> ### 反假货币　人人有责
>
> 1.单位和个人误收人民币后应主动上交中国人民银行或办理货币存取款和外币兑换业务的金融机构。发现他人有伪造、变造的货币，应当立即向公安机关报告。
>
> 2.人民币是我国的法定货币。爱护人民币，保持人民币的整洁，维护人民币的尊严，保障人民币正常的流通秩序，是每个公民的义务。
>
> ①任何单位和个人都应当爱护人民币。禁止损害人民币和妨碍人民币流通。
>
> ②任何单位和个人不得印刷、发售代币票券，以代替人民币在市场上流通。
>
> ③禁止故意损坏人民币。
>
> ④禁止制作、仿制、买卖人民币。
>
> ⑤未经中国人民银行批准，禁止在宣传品、出版物或者其他商品上使用人民币图样。
>
> ⑥禁止利用人民币制作商业广告或利用人民币进行商品促销。

知识拓展

残币兑换规定

根据《中华人民共和国人民币管理条例》第22条规定:办理人民币存取业务的金融机构，应当按照中国人民银行的规定，无偿为公众兑换残缺、污损的人民币，挑剔残缺、污损的人民币，并将其交存当地中国人民银行。

对于残损人民币的兑换标准，中国人民银行规定:

（1）凡残缺、污损的人民币属于下列情况之一者，应持币向银行全额兑换：

• 票面残缺不超过五分之一，其余部分的图案、文字能照原样连接者。

• 票面污损、熏焦、水湿、油浸、变色，但能辨别真假，票面完整或残缺不超过五分之一，票面其余部分的图案、文字能照原样连接者。

（2）票面残缺五分之一以上至二分之一，其余部分的图案、文字能照原样连接者，应持币向银行照原面额的半数兑换，但不得流通使用。

（3）凡残缺、污损人民币属于下列情况之一者不予兑换：

• 票面残缺二分之一以上者。

• 票面污损、熏焦、水湿、油浸、变色不能辨别真假者。

• 故意挖补、涂改、剪贴拼凑、揭去一面者。

凡不予兑换的残缺、污损人民币，应由中国人民银行销毁，不能继续流通使用。

任务 1.3　熟悉出纳常用机具

任务描述

2021 年 8 月 21 日，李小玲替出纳员刘红收到超市零售款 10 558 元。李小玲手忙脚乱地手工清点了三遍，还把清点完的现金随手放在了抽屉里。刘红看到后便指点她说："作为一名出纳人员，收到现金后手工清点与机器清点至少各一遍，在收到的现金票面金额不等时，可以借助计算器分别计算各种面额的现金。清点完毕后，要将现金及时放到保险柜去，不能随处乱放，也不能交给他人，现在我来教你怎么使用保险柜、点钞机和计算器。"出纳员李小玲需要完成以下任务：

1. 熟悉保险柜管理要求及使用；

2. 学会如何使用点钞机清点钞券；

3. 熟练掌握计算器的各功能键及指法。

知识准备

一、保险柜的使用

为了保护财产安全和完整，各单位应配备专用保险柜，专门用于库存现金、各种有价证券、银行票据、印章及其他出纳票据等的保管。各单位应加强对保险柜的使用管理，制定保险柜使用办法，要求有关人员严格执行。保险柜具有坚固的柜体，严密的防盗设计，由密码和钥匙双重保险，如图1-3-1所示。保险柜的使用应注意如下几点：

出纳人员应将现金、有价证券、空白票据及贵重物品存放至此，并按照保密要求严格保密。

图1-3-1 保险柜

（一）保险柜的管理

保险柜一般由总会计师或财务处（科、股）长授权，由出纳人员负责管理使用。

（二）保险柜钥匙的配备

保险柜要配备两把钥匙，一把由出纳人员保管，供出纳人员日常工作开启使用；另一把交由保卫部门封存或单位总会计师或财务处（科、股）长负责保管，以备特殊情况下经有关领导批准后开启。出纳人员不能将保险柜钥匙交由他人代为保管。保险柜钥匙不能离身，做到人走保险柜钥匙随身带。钥匙丢失要立即报请领导处理，不得随意找人配钥匙。

（三）保险柜的开启

保险柜只能由出纳人员开启使用，非出纳人员不得开启保险柜。如果单位总会计师或财务处（科、股）长需要对出纳人员工作进行检查，如检查库存现金限额、核对实际库存现金数或有其他特殊情况需要开启保险柜的，应按规定的程序由总会计师或财务处（科、股）长监管开启，在一般情况下不得任意开启由出纳人员掌管使用的保险柜。

（四）财物的保管

每日终了后，出纳人员应将其使用的空白支票（包括现金支票和转账支票）、印章等放入保险柜内。存放的现金一般以3~5天的日常零星开支所需为限额，不得超额存放。保险柜内存放的现金应设置和登记现金日记账，其他有价证券、存折、票据等应按种类造册登记，贵重物品应按种类设置备查簿登记其质量、重量、金额等，所有财物应与账簿记录核对相符。按规定，保险柜内不得存放私人财物。

保险柜内的物品要分门别类整齐摆放，一般把票据和单证放在最上层，现金放在最下层，现金要分币别整齐放好，硬币可以找单独的容器来盛放。

（五）保险柜密码

出纳人员应将自己保管使用的保险柜密码严格保密，不得向他人泄露，以防被他人利用。出纳人员调动岗位，新出纳人员应更换使用新的密码。

（六）保险柜的维护

保险柜应放置在隐蔽、干燥之处，注意通风、防湿、防潮、防虫、防鼠。保险柜外要经常擦抹干净，保险柜内财物应保持整洁卫生、存放整齐。一旦保险柜发生故障，应到公安机关指定的维修点进行修理，以防泄密或失窃。

（七）保险柜被盗的处理

出纳人员发现保险柜被盗后应保护好现场，迅速报告公安机关（或保卫部门），待公安机关勘查现场时才能清理财物被盗情况。节假日满两天以上或出纳人员离开两天以上没有派人代其工作的，应在保险柜锁孔处贴上封条，出纳人员到位工作时揭封。如发现封条被撕掉或锁孔处被弄坏，应迅速向公安机关或保卫部门报告，以便公安机关或保卫部门及时查清情况，防止不法分子进一步作案。

二、点钞机的使用

点钞机是一种自动清点钞券数目的机电一体化装置，通常带有荧光检测、磁性检测、红外穿透检测和激光检测等防伪功能，能轻松地帮助工作人员辨别钞券真伪。点钞机的速度较快，每小时可点钞券5万张左右，能够有效减轻工作人员的劳动量，提高工作效率。对于现金流通规模庞大的单位，点钞机已成为点钞人员点钞的得力助手和不可或缺的设备。但是因为点钞机存在一定的局限性，所以机器点钞依然不能替代手工点钞，目前多用于钞券的复点。

（一）认识点钞机

点钞机由捻钞、出钞、接钞、机架、电机、变压器、电子电器等多部分组成。使用点钞功能需熟悉捻钞、出钞、计数和接钞四部分的构成。

1. 捻钞部分

捻钞部分主要由滑钞板、送钞舌、阻力橡皮、落钞板、调节螺丝、捻钞胶圈等组成。其功能是将钞券均匀地捻下，送入输钞带。

2. 出钞部分

出钞部分主要由出钞胶轮、出钞对转轮组成。其作用是出钞胶圈以捻钞胶圈两倍的线速度把连续送过来先到的钞券与后面的钞券有效地分开，送往计数器与检测传感器进行计数和辨伪。

3. 计数部分

计数部分主要由光电管、灯泡、计数器和数码管组成。捻钞轮捻出的每张钞券通过光电管和灯泡后，由计数器记忆并将光电信号传送到数码管上显示出来，数码管显示的数字，即为捻钞张数。

4. 接钞部分

接钞部分主要由接钞爪轮、托钞板、挡钞板等组成。其功能是将点验后的钞券一张张分别卡入接钞爪轮的不同爪，由脱钞板将钞券取下并堆放整齐。

（二）点钞准备

1. 放置好点钞机

点钞机放置的位置应该避开强光源，如果光线过强，会使硅光电池出现损坏、短路等问题，缩短点钞机的使用寿命。

2. 纸币的整理工作

将破损、裂口、过软的纸币先剔除出来。按不同面额、不同大小将纸币分开整理整齐，分开点钞。

3. 试机

打开点钞机电源开关和计数器开关，查看并选择点钞机的工作状态，对点钞机按需要进行调整和试验，力求下钞流畅、点钞准确、转速均匀、落钞整齐。

（三）具体操作

1. 拆把与放钞

右手取过钞券，握住钞券的右端，拇指在前，其余四指在钞券背面；掌心向下用力，将钞券捏成瓦形，左手上前顺势将扎钞纸条从左侧脱去。

右手横握钞券，将钞券捻成前低后高的坡形，然后横放在点钞机的滑钞板上，并使钞券顺着滑钞板形成自然斜度，如图 1-3-2 所示。

2. 清点

当纸币进入机器后，目光要紧盯传动的钞券，检查是否有破损票或其他票券夹张。纸币全部下到接钞台后，要看清计数器显示数字是否为"100"或与此把钞券纸条上所标数字相符的张数。

图 1-3-2　点钞机

3. 扎把

将清点准确的钞票蹾齐，右手取过纸条进行扎把，同时眼睛紧盯着机器上传动的钞票，

将扎好把的钞票放在点钞机的左侧。

4. 盖章

待所有钞票清点、捆扎完毕，应在钞票侧面的纸条上盖上点钞人员名章，以明确责任。

三、计算器的使用

电子计算器是能进行数学运算的手持电子机器，是出纳员日常工作中的必备工具，出纳员需熟悉计算器各功能键的使用，掌握数据录入时的正确指法。

（一）电子计算器的种类

1. 简单型计算器

简单型计算器又称算术型计算器，可进行加、减、乘、除等简单的四则运算。

2. 科学型计算器

科学型计算器又称函数计算器，除了具有普通计算器的功能外，还增加了许多函数和统计计算功能，具有初等函数、排列、组合、概率、统计等运算功能。

3. 专用型计算器

专用型计算器主要是供财会人员使用的计算器，可做加、减、乘、除四则运算，百分比计算等，有的还附加一些其他的功能，如日历、报时等。

4. 程序型计算器

程序型计算器可以编制程序，把比较复杂的运算步骤储存起来，进行多次重复的运算。

目前出纳人员大多数使用简单型计算器，它具有加、减、乘、除、百分比、累计等基本计算功能，如图 1-3-3 所示。

图 1-3-3　计算器

（二）简单型计算器的结构

显示屏：在计算器的表面，显示屏显示从功能键输入的数据及运算结果，一般为液晶显示。

功能键：在计算器的表面，是计算器的主要外部设计，功能键用来输入计算指令和需要计算的各种数据。

内存：在计算器的内部，是计算器的仓库，用来存放指令和各种数据，以及运算器送来的各种运算结果。

运算器：在计算器的内部，是计算器的运算装置，是对数据信息进行加工和处理的部件，其主要功能就是在控制器的控制下，完成各种运算。

（三）简单型计算器的键位功能

计算器的各功能键用于输入各种信息，不同的计算器，键的个数及排列有所不同，但功能键的作用基本相同。简单型计算器各键位功能如表 1–3–1 所示。

表 1–3–1　简单型计算器各键位功能

按键	键位名称及功能
CN/AC	开机 / 清除键，按此键可删除记忆外的所有数据
OFF	关闭键（一般具有电源自动关闭功能）
0~9	数字键
CE	清除错误键，按此键屏幕上输入的数字均被删除
+/−	符号变换键
%	百分比键
→	退位键，按此键可以清除屏幕上的末位数字
GT	汇总键。按下"="或"%"键，结果会累计在总和中，按一次可显示总和，如果连续按下两次，可清除总和
MU	损益运算键
MC	清除存储器键
MR	累计显示键
M+	记忆加法键。可以加上屏幕上的数字并存储在计算器中
M−	记忆减法键。可以减去屏幕上的数字并存储在计算器中
+4320F	小数位数选择键
↑ 5/4 ↓	位数形态选择键。5/4 表示四舍五入；↑表示无条件进位数；↓表示无条件舍去数

（四）计算器基本指法

指法，就是将计算器键盘的各个键位分配给五个手指，每个手指有固定的操作范围。熟练掌握计算器基本指法，对提高准确率和速度很有帮助。计算器基本指法如表 1–3–2 所示。

表 1–3–2　计算器基本指法

手指名称	负责键位
食指负责	1、4、7
中指负责	2、5、8、00
无名指负责	3、6、9、.
小指负责	+、−、×、÷、=
拇指负责	ON、OFF、0

任务 1.4　填写票据单证的基本规范

任务描述

出纳员每天都需要填写大量的票据及其他原始凭证。虽然李小玲在上学时学过票据单证的填写，但因实践训练时间较短，填写票据时还比较生疏。为了让李小玲尽快熟练票证的填写及公司业务流程，会计主管林国昌耐心地给李小玲讲解了填写票据单证的基本规范，并专门安排一天的时间让李小玲到销售部门协助填开销售发票，如图 1-4-1 所示。出纳员李小玲需要完成以下任务：

1. 熟悉票据规范填写的要求；

2. 掌握出纳书写技能；

3. 掌握原始凭证的填制。

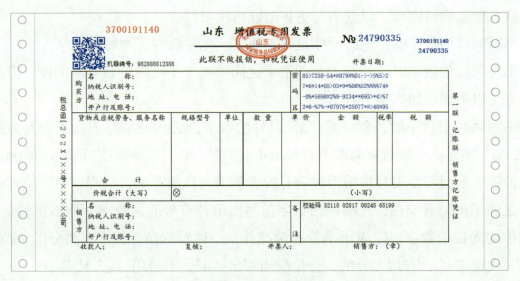

图 1-4-1　增值税专用发票第一联 记账联

知识准备

依据财政部制定的会计基础工作规范的要求，出纳员在填制有关票据、会计凭证及账簿登记时，字迹必须清晰、工整，并符合书写规范。

一、阿拉伯数字的书写

阿拉伯数字的书写必须采用规范的手写体书写，这样使数字规范、清晰，才能符合财务工作的要求，如图1-4-2所示。

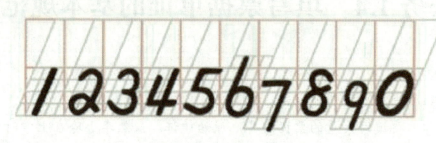

图1-4-2　数字的书写规范

（1）书写阿拉伯数字要求大小匀称，笔画流畅；每个数字独立有形，一目了然，不能连笔书写；数字之间的间隙要均匀，不宜过大；如果是在印有数位线的凭证、账簿、收据、报表上，每一格只能写一个数字。

（2）书写阿拉伯数字时，要排列有序，有一定的斜度，字体要自右上方向左下方倾斜地写，倾斜度一般可掌握在60°左右。

（3）书写阿拉伯数字要有高度标准，一般要求高度占横格高度的1/2（或2/3）为宜，书写时还要注意紧靠横格底线，以便需要更正时能再次书写。

（4）书写阿拉伯数字时，笔画顺序是自上而下、先左后右，勿写倒笔字。

（5）书写阿拉伯数字时，同行的相邻数字之间要空半个阿拉伯数字的间隙，但间隙也不可预留太大（以不能增加数字为宜）。

（6）书写阿拉伯数字时，除"4""5"以外的数字，必须一笔写成，不能人为地增加数字的笔画；"6"字要比一般数字向右上方长出1/4，"7"和"9"要向左下方长出1/4。

阿拉伯数字前面需要书写货币币种符号或者货币名称简写的，应当书写。币种符号和阿拉伯数字之间不得留有空白；凡阿拉伯数字前写出币种符号的，数字后面不再写货币单位；以元为单位的阿拉伯数字，除表示单价等情况外，一律写到角分；没有角分的角位和分位，写出"00"或者"-"；有角无分的，分位应当写出"0"，不得用"-"代替。

二、中文大写金额数字的书写

中文大写金额应该用正楷或行书书写，大写金额数字书写规范，如图1-4-3所示。

图1-4-3　中文大写金额数字书写规范

（1）中文大写金额数字应用正楷或行书书写，不得自造简化字，但可以使用繁体字。

（2）大写金额数字应紧接着前面的"人民币"字样填写，不得留有空白。大写金额数字前未印"人民币"字样的，应加填"人民币"三字。

（3）大写金额写到"元"或"角"时，在"元"或"角"后写"整"或"正"字，大写金额有"分"的，"分"后面不写"整"字。如：¥12 000.00应写为人民币壹万贰仟元整，¥48 651.80应写为人民币肆万捌仟陆佰伍拾壹元捌角整，而¥486.56应写为人民币肆佰捌拾陆元伍角陆分。

（4）"零"的书写要求如表1-4-1所示。

表1-4-1　零的书写要求

类型	书写要求	举例
中间有"0"时	要写"零"字	¥1 309.00 人民币壹仟叁佰零玖元整
中间连续有几个"0"时	只写一个"零"字	¥2 009.21 人民币贰仟零玖元贰角壹分
万位或元位是"0"	可以只写一个零字，也可以不写"零"字	¥20 800.00 人民币贰万零捌佰元整 人民币贰万捌佰元整
数字中间连续有几个"0"，万位、元位也是"0"，但千位、角位不是"0"时		¥1 003 000.24 人民币壹佰万零叁仟元贰角肆分 人民币壹佰万叁仟元贰角肆分
角位是"0"，分位不是"0"时	中文大写金额"元"后面应写"零"字	¥16 309.02 人民币壹万陆仟叁佰零玖元零贰分

知识链接

票据日期大写要求

票据的出票日期一般使用中文大写。票据的出票日期使用小写填写的，银行不予受理。

日期中文大写的规范如表1-4-2所示。

表1-4-2　日期中文大写规范

小写日期	大写规则	举例
1月、2月、10月	在大写前加"零"	1月4日，写成零壹月零肆日
1—9日、10日、20日、30日		9月30日，写成零玖月叁拾日
11—19日、11月、12月	在大写前加"壹"	12月19日，写成壹拾贰月壹拾玖日

任务实施

2021年9月29日，鲁万公司销售给常林公司A产品1 000件，单价150元，增值税税额19 500元；B产品200件，单价100元，增值税税额2 600元，货款尚未收到，开出增值税专用发票。

出纳员李小玲正确填开增值税专用发票如图1-4-4所示。

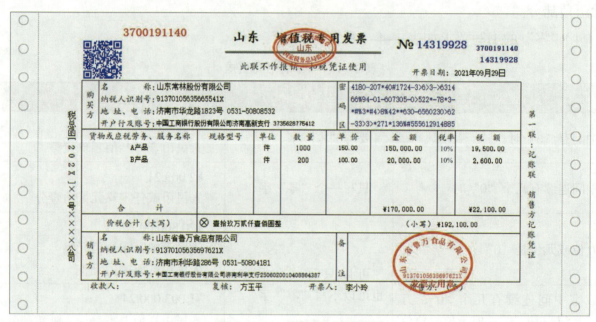

图1-4-4　增值税专用发票

任务1.5　印章和印鉴的使用与管理

任务描述

2021年8月25日，出纳员刘红对李小玲说："小玲啊，很快你就要正式接管出纳工作了，在工作过程中会有很多地方用到印章和印鉴，我现在就教给你印章和印鉴的使用规定和方法！"李小玲高兴地说："我一定会好好学习的，谢谢您！"李小玲需要完成以下任务：

1. 熟悉企业常用印章；
2. 明确印章的使用规定及方法；
3. 明确印鉴的使用规定及方法。

出纳人员在工作中会经常使用到各种印章、印鉴。印章是公司经营活动中行使职权、明确公司各种权利义务关系的重要工具。出纳岗位涉及办理本单位现金、银行结算等相关业务时需要用到各种印章，因此对于印章的使用和管理也是一项需要出纳人员学习的技能。印鉴是指各单位在业务办理中为确认核算事项加盖在票据、凭证、报表、函件、证实书、申请书等资料上的印章图形。这些印章图形具有标志、权威、凭证和法律作用，对企业非常重要。出纳人员要学会正确使用。

一、企业常用印章的种类和用途

企业常用的印章主要有公章、财务专用章、发票专用章、合同专用章、法定代表人章等，它们各有各的用途，如表 1-5-1 所示。

表 1-5-1　企业常用印章的种类和用途

印章类型	图示	用途
公章	山东省鲁万食品有限公司 ★	公司处理内外部事务的印鉴，公司对外的正式信函、文件、报告使用公章
财务专用章	山东省鲁万食品有限公司 ★ 财务专用章	主要用于财务结算，开具的收据、发票（有发票专用章的除外）上使用，银行印鉴必须留财务专用章。能够代表公司承担所有财务相关的义务，享受所有财务相关的权利。一般由企业的专门财务人员管理，可以是财务主管或出纳等
发票专用章	山东省鲁万食品有限公司 913701056356976211X 发票专用章	用发票单位和个人按税务机关规定刻制的印章，印章印模里含有其公司单位名称、发票专用章字样、税务登记号，在领购或开具发票时加盖的印章

印章类型	图示	用途
合同专用章	 山东省鲁万食品有限公司 合同专用章	用于与公司发生经济业务往来单位签订的各种书面合同、协议
法定代表人或其授权代理人章	 华印 陈志	刻有单位法定代表人或其授权代理人姓名的方形印鉴
会计主管名章	 林国昌	表明业务已经过会计主管同意或审核，明确个人责任
出纳人员的名章	 刘红	表明在会计人员中有明确的分工，坚持"谁经手、谁负责"的原则。如出现工作变动，应随时更换印鉴，以分清责任
现金收讫章 现金付讫章	  现金收讫 现金付讫	发生现金收取业务，需在收款单据上加盖现金收讫章；发生现金支付业务，需在付款单据上加盖现金付讫章

🔃 **提示：**
　　单位财务专用章及法人代表章的存放与使用，应签署财务专用章、企业法人代表章授权使用委托书，以明确责任。

二、企业印章的使用

使用印章前应当准备好印垫、印泥和对应颜色的印油等物品，盖章时需将印章均匀蘸色，然后在其他纸面试盖印章，确认试盖效果是否清晰；在票据提示盖章的位置盖章；盖章后立即根据企业规定妥善收存印章。

盖章时可以用以下几个小技巧保证印鉴的清晰：

（1）印章接触纸面后紧按住印章，防止错位移动；

（2）用印后迅速离开纸面，防止留有模糊印记及重影；

（3）加盖印鉴的票据不要立刻覆盖其他物品。

三、银行预留印鉴

银行预留印鉴又称"预留印鉴"，即企业在银行开设账户时需要在银行预留的印鉴，也就是财务专用章和法人代表章的底样。印鉴要盖在一张卡片纸上，留在银行，如图1-5-1所示。预留印鉴作为企业在银行办理各种银行业务的身份证明，很多银行在办理业务时"认章不认人"。当企业需要通过银行对外支付时，先填写对外支付申请，申请必须有公司印鉴。银行经过核对，确认对外支付申请上的印鉴与预留印鉴相符，即可代企业进行支付。

中国工商银行 股份有限公司印鉴卡

No：72128647531404

户　　名	山东省鲁万食品有限公司	账　　号	2506020010408864387
地　　址	济南市利华路286号	币　　种	人民币
联 系 人	刘红	账户性质	基本账号
联系电话	0531-50804181	是否通兑	□通兑　　☑不通兑

预留银行签章式样	（印章）	使用说明	
		启用日期	2014 年 10 月 01 日
		注销日期	年　　月　　日

网店经办：	网店复核：	建库经办： 李丽	建库复核： 张强

图1-5-1　鲁万公司银行预留印鉴卡

🔵 提示：

　　一般来讲，预留印鉴是由财务专用章和法人章组成，缺一不可。但是也会有特殊情况，比如财务专用章和根据公司决议确定的有效签字人的签字。

四、印章、印鉴的管理

（一）保管印章、印鉴

根据《会计法》《会计基础工作规范》等财务规定，支票和印鉴一般应由会计主管人员或指定专人保管，必须由两个人分别保管。原则上，各种财务专用章的保管与现金的保管要求相同，负责保管的人员不得将印章、印鉴随意存放或带出企业。严禁将支票印鉴以及单位主管人的名章一并交由出纳人员保管和使用，否则会给违法、违纪行为带来可乘之机。印章保管人员不得随意私自使用公章，不得擅自让他人代管、代盖公章。对非法使用印章者视情节轻重给予记过、记大过、劝退或开除的处分，并保留追究其法律责任的权利。

（二）更换预留印鉴

如果需要更换预留印鉴，应填写"印鉴更换申请书"，同时出具证明情况的公函，一并交开户银行，经银行同意后，在银行发给的新印鉴卡的背面加盖原预留银行印鉴，在正面加盖新启用的印鉴。

（三）遗失预留印鉴

出纳人员遗失单位印鉴后，应由企业会计主管出具证明，并经开户银行同意后，及时办理更换印鉴的手续。

（四）销毁印章、印鉴

由于单位变动、更名或其他原因停止使用印章、印鉴，或其破损无法使用时，应由保管人员报单位领导批准，对其进行封存或销毁，并由行政部办理新章刻制事宜。

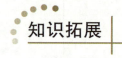

知识拓展

印章、印鉴使用的注意事项

（1）不得携带印章、印鉴外出使用，确因工作需要的，携带印章、印鉴前必须报总经理批准；

（2）不得在空白凭证上加盖印章，确因工作需要加盖印章的，必须在空白凭证上注明限制性字样，并报总经理批准。当事人使用完毕后必须交回凭证的原件或复印件。

任务 1.6　　出纳工作交接

任务描述

2021 年 9 月 1 日，鲁万公司原出纳员刘红辞职，由于李小玲在这段时间表现积极、学习认真，财务部决定由李小玲来接替刘红的工作。在会计主管林国昌的监督下，李小玲和原出纳员刘红进行了工作交接。刘红和李小玲交接的主要资料如下：

1. 库存现金 2021 年 9 月 1 日账面余额人民币贰仟元整，实存金额人民币贰仟元整；

2. 库存国库券人民币伍拾万元整；

3. 银行存款余额人民币捌佰万元整；

4. 空白现金支票 22 张（5474159 号至 5474180 号）；

5. 空白转账支票 25 张（0002156 号至 0002180 号）；

6. 托收承付登记簿一本；

7. 付款委托书一本；

8. 信汇登记簿一本；

9. 金库暂存物品明细表一份；

10. 银行对账单 1—8 月份 8 本；8 月份未达账项说明一份；

11. 山东省鲁万食品有限公司财务处转讫印章一枚，现金收讫印章一枚，现金付讫印章一枚，法人章一枚。

出纳员李小玲需要完成以下任务：

1. 熟悉出纳交接的内容和程序，明确交接相关责任；

2. 掌握出纳工作交接的业务流程；

3. 明确出纳工作交接中责任的转移。

知识准备

出纳工作交接是指由离任出纳人员将有关工作和资料交给后任出纳人员的工作过程。办好交接工作，可以使出纳工作前后衔接，防止账目不清、财务混乱，也是分清移交人员与接管人员责任的有效措施。

一、出纳工作交接内容

出纳人员必须按有关规定和要求办理好工作的交接手续，具体交接的内容主要包括以下几个方面。

1. 财产与物资

财产与物资的交接中，主要涉及的有：出纳凭证，出纳账簿，现金，支票，有价证券，用于银行结算的各种银行汇票、银行本票、商业汇票等票据，各种发票、收款收据，印章，各种文件资料和其他业务资料，出纳用品，办公室、办公桌与保险工具的钥匙、各种保密号码，本部门保管的各种档案资料和公用出纳工具、器具，以及经办未了事项。实行会计电算化的企业，还应进行出纳软件、密码，存储出纳数据的移动硬盘的交接。

2. 业务说明

（1）原出纳人员工作职责和工作范围的介绍。

（2）每期固定办理的业务介绍，如按期交纳电费、水费、电话费的时间等。

（3）复杂业务的具体说明，如交纳电话费的号码、银行账户的开户地址、联系人等。

二、交接程序

出纳工作的交接分为准备工作、正式交接和交接结束三个阶段。

1. 准备工作

保证出纳交接工作顺利进行，出纳人员在办理交接手续前，必须做好以下几项准备工作：

（1）已经受理的经济业务尚未登记完毕的日记账以及股票、债券等明细账要登记完毕，并在最后一笔余额后加盖名章。

（2）在出纳账的账簿启用表上填写移交日期，并加盖名章。

（3）出纳日记账与现金、银行存款总账核对相符，现金账面余额与实际库存现金核对一致，银行存款账面余额与银行对账单核对一致。如有不符，要找出原因，弄清问题，加以解决，务求在移交前做到相符。

（4）清理账目和其他资料，移交人对应收回的款项要尽快催收；应支付的款项要及时付出；各种借款要清理与核对；各种现金票据，有价证券收据、借据等要清理与整理好；文件该归档的要归档，该收回的要及时收回，该移交的要整理好；各种登记簿要与所登记内容进行核对，对未了事项写出书面说明。

（5）编制"移交清册"。填明移交的账簿、凭证、报表、印章、现金、有价证券、支票簿、发票、文件、其他会计资料和物品等内容。实行会计电算化的单位，从事该项工作的移交人员还应当在移交清册中列明会计软件及密码、会计软件数据磁盘及有关资料、实物等内容。

2. 正式交接

《会计基础工作规范》规定：会计人员办理交接手续，必须由监交人员负责监交。出纳工作交接一般在会计主管人员监督下进行。具体操作有以下几点：

（1）现金、有价证券、贵重物品要根据会计账簿有关记录由移交人向接交人逐一点交，不得短缺。接替人员发现不一致或有白条顶库现象时，移交人员在规定期限内负责查清处理。

（2）银行存款账户余额要与银行对账单核对。在核对时如发现疑问，移交人和接交人应一起到开户银行当面核对，并编制银行存款余额调节表。

（3）在银行存款账户余额与银行对账单余额核对相符的前提下，移交有关票据、票证及印章。

（4）出纳账簿移交时，接交人应该核对账账是否相符，即现金日记账、银行存款日记账、有价证券明细账与现金、银行存款和有价证券总账核对是否相符。实行会计电算化的单位交接双方应先在计算机上对有关数据进行确认，正确无误后，再将账页打印出来，装订成册后，再进行书面交接。核对无误后，移交人在结账数字上盖章，以示对前段工作的负责。最后，交接双方在账簿的经管人员一览表上签章，并注明交接的年、月、日。

（5）出纳凭证、出纳账簿和其他会计核算资料必须完整无缺。如有短缺，必须查清原因，并在移交清册中注明，由移交人员负责。

（6）工作计划移交时，为方便接交人开展工作，移交人应向接交人详细介绍工作计划执行情况以及今后在执行过程中注意的问题，以方便出纳工作的延续性。

（7）移交人应将保险柜密码、钥匙、办公桌和办公室钥匙一一移交给接交人。接交人在接交完毕后，应立即更换保险柜密码及有关锁具。

（8）接交人办理接交完毕，应在出纳账簿启用表上填写接收时间，并签名盖章。

3. 交接结束

交接完毕后，交接双方和监交人要在移交清册上签名或盖章。移交清册必须具备：单位名称，交接日期，交接双方和监交人的职务及姓名，移交清册页数、份数和其他需要说明的问题和意见。移交清册一般一式三份，其中交接双方各执一份，另一份作为会计档案，在交接结束后归档保管。

> 知识链接

出纳交接的相关责任

出纳交接工作结束后，在交接前后各期的工作责任应由当时的经办人负责。

原出纳员：

1. 对应当移交的内容和物件，承担完整、准确和接交人可延续使用的责任；

2. 移交后，移交人对自己经办的已办理移交的资料负完全责任，不得以资料已移交为由推脱责任；

3. 对接交人延续工作用到的设备、用具、密码等的使用方法，进行辅导；

4. 在出纳工作交接书及其附件逐页签名。

现出纳员：

1. 对所接收的工作内容和物件，承担完整、准确和能够独立延续使用的责任；

2. 接交人应继续使用移交的账簿，不得自立新账。对于移交的银行存折和未使用的支票，应继续使用；不得自行另立账簿或擅自销毁移交资料。掌握相关设备、用具、密码等的使用方法，会正确进行实际操作；

3. 接交人应认真接管移交工作，继续办理未了事项；

4. 在出纳工作交接书及其附件逐页签名。

监交人：

1. 交接过程中，监交人不得离开，需见证交接过程和内容；

2. 监交过程中，如果移交人交代不清或者接交人故意为难，监交人员应及时处理。移交人不做交代或交代不清的，不得离职；

3. 在出纳工作交接书及其附件逐页签名，并将所持有的交接书原件按规定移交归档。

任务实施

原出纳员刘红与现出纳员李小玲办理交接工作具体流程如图 1-6-1 所示。

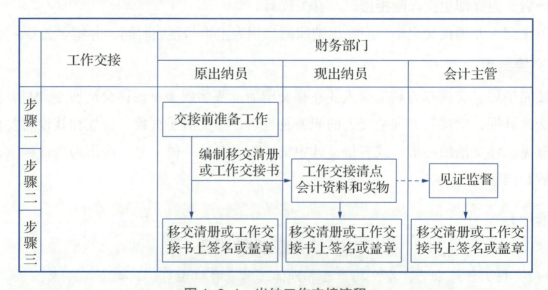

图 1-6-1　出纳工作交接流程

步骤一：原出纳员做好交接准备工作。

原出纳员按照交接程序要求完成交接准备工作。完成登记出纳日记账、账实核对、账账核对、整理移交资料、编制移交清册或工作交接书等工作。

步骤二：原出纳员与现出纳员正式交接。

原出纳员与现出纳员在会计主管的监督下进行正式交接。现出纳员按照移交清册对现金、有价证券、印鉴、出纳日记账及其他会计资料和实物进行清点，并在出纳日记账启用表上填写移交时间，并签名盖章。

步骤三：交接结束。

交接完毕后，交接双方和监交人要在移交清册或工作交接书上签名或盖章，以明确责任，如图 1-6-2 所示。

<h2 style="text-align:center">出 纳 员 工 作 交 接 书</h2>

出纳员刘红同志，因个人原因需调离工作岗位，财务部已决定将出纳工作移交给李小玲接管。现办理如下交接：

一、交接日期

2021年9月1日

二、具体业务的移交

1.库存现金9月1日账面余额2 000元，实存相符，日记账余额与总账相符；

2.库存国库券50万元，经核对无误；

3.银行存款余额800万元，经编制"银行存款余额调节表"核对相符。

三、移文的会计凭证、账簿、文件

1.本年度现金日记账一本；

2.本年度银行存款日记账两本；

3.空白现金支票22张（5474159号至5474180号）；

4.空白转账支票25张（0002156号至0002180号）；

5.托收承付登记簿一本；

6.付款委托书一本；

7.信汇登记簿一本；

8.金库暂存物品明细表一份，与实物核对相符；

9.银行对账单1-8月份8本；8月份末达账项说明一份；

四、印鉴

1.山东省鲁万食品有限公司财务处转讫印章一枚；

2.山东省鲁万食品有限公司财务处现金收讫印章一枚；

3.山东省鲁万食品有限公司财务处现金付讫印章一枚；

4.山东省鲁万食品有限公司法人章一枚。

五、交接前后工作责任的划分

2021年9月1日前的出纳责任事项由刘红负责；2021年9月1日起的出纳工作由李小玲负责。以上移交事项均经交接双方认定无误。

六、本交接书一式三份，双方各执一份，存档一份。

移交人　刘红
接管人　李小玲
监交人　林国昌

2021 年 09 月 01 日

图 1-6-2　出纳工作交接书

任务 1.7 凭证的购买与保管

任务描述

2021 年 9 月 3 日，刚刚上岗的出纳员李小玲发现支票快用完了，于是找会计主管林国昌请示去银行领一些回来备用，林国昌告诉李小玲，空白支票是需要去银行购买的。林国昌详细地向李小玲讲解了出纳岗位有关凭证的购买与保管知识，并批准李小玲去银行购买支票。出纳员李小玲需要完成以下任务：

1. 熟悉出纳岗位相关凭证购买与保管的要求；

2. 办理现金支票的领购业务。

知识准备

实务工作中，出纳员不仅要办理日常现金收付、银行结算、月末的对账与结账等业务，还需要购买与出纳工作相关的凭证并进行保管。

一、凭证购买

出纳员从银行领购的凭证分为两种：一是需购买的凭证，如在办理业务时需加盖银行预留印鉴的现金支票、转账支票、银行承兑汇票等票据；二是可以直接在银行柜台领取的凭证，如进账单、现金解款单等。在平时的工作中，出纳员应根据凭证使用情况提前购买备用，也可购买时多买几本，以减少跑银行的次数。

每个银行对于空白凭证的购买都有各自的规定，例如在中国建设银行购买凭证时，需提供经办人的身份证；在中国工商银行购买凭证时，不仅要提供经办人的身份证，还要输入购买凭证的密码。不同银行对购买程序或数量有不同规定，具体情况咨询开户银行。

二、凭证保管

由出纳员保管的凭证包括各种收付款单据、空白或者作废的票据、现金日记账和银行存款日记账、现金盘点表、银行对账单、资金报告、凭证交接表、工作交接表等。出纳员在保管这些凭证时，应注意以下事项：

（1）现金收付款单据应在业务办理完毕后及时存放，防止丢失，下班前应将收付款单据及时交接给会计，并编制移交清单，以明确责任。

（2）对于现金支票、转账支票等经常使用的空白凭证，出纳员应建立相应的购买使用登记簿，对其购入和使用情况及时进行登记。

（3）现金日记账和银行存款日记账要设立专门的档案柜进行保管。

（4）银行存款余额调节表、银行对账单、资金报表、凭证交接表等单据是出纳风险转移的重要依据，也是出纳员在工作岗位上进行自我保护的重要依据，因此要用专门的文件夹或文件柜进行保管。

（5）出纳工作过程中遇到的其他类型的单据，应遵循保密、安全等相关原则进行保管。

（6）对作废的凭证，出纳员应单独设立保存专册。处理作废单据时，要经过公司相关领导的批准才能进行。

（7）出纳凭证在保存期满后，需要办理销毁的，要经领导审查并报经上级主管部门批准后才能进行，在销毁凭证资料时，应由凭证保管部门和财务部门共同派人监销。

> ⊕ 提示:
> 银行存款余额调节表、银行对账单的保管期限为10年。现金日记账和银行存款日记账的保管期限为30年。

任务实施

出纳员李小玲办理现金支票领购业务流程如图1-7-1所示。

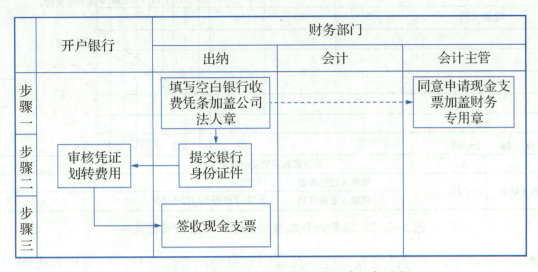

图1-7-1　出纳员办理现金支票领购业务流程

步骤一： 经会计主管同意后，出纳员填写收费凭条然后加盖预留银行印鉴如图 1-7-2、图 1-7-3 所示。

中国工商银行

年　　月　　日

收费凭条
1861442

付款人名称														付款人账号					
服务项目（凭证种类）		数量	工本费	手续费	小计									上述数项请从我账户中支付。					
					百	十	万	千	百	十	元	角	分						
														预留印鉴：					
合计																			
金　额　（大写）																			
以下在购买凭证时填写																			
领购人姓名			领购人证件类型																
			领购人证件号码																

图 1-7-2　空白的工商银行收费凭条

中国工商银行

2021 年　9 月　03 日

收费凭条
1861442

付款人名称	山东省鲁万食品有限公司				付款人账号	250602001040...								
服务项目（凭证种类）	数量	工本费	手续费	小计								上述数项请从我账户中支付。		
				百	十	万	千	百	十	元	角	分		
现金支票	2	20	1						2	1	0	0		
													预留印鉴：	
合计														
金　额　（大写）	贰拾元整								¥2	1	0	0		
以下在购买凭证时填写														
领购人姓名	李小玲	领购人证件类型		身份证										
		领购人证件号码		370123199803258266										

图 1-7-3　填制好并加盖预留银行印鉴的收费凭条

步骤二： 申请人向银行提交收费凭条及证明其身份的合法证件。银行审核无误后加盖业务受理专用章，并通过企业账户收取费用如图 1-7-4 所示。

图1-7-4 已办理好的收费凭条

步骤三： 出纳员领取空白现金支票及加盖银行印章的收费凭条。

项目小结

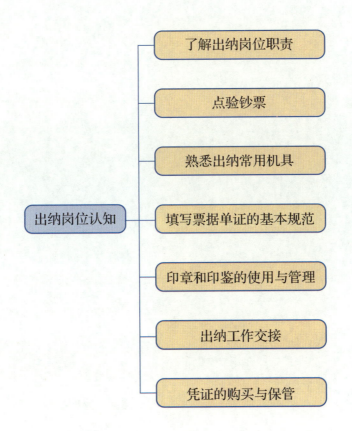

考核评价

本项目考核采用百分制，采取过程考核与结果考核相结合的原则，注重技能考核。

过程考核/40%				结果考核/60%	
职业态度	组织纪律	学生互评	实训练习	考核序号	分值
根据学生课堂表现，采取扣分制	考勤与课堂纪律	小组内同学互评，组间互评	教师根据学生提交的实训报告情况进行评价	了解出纳岗位职责	5
				点验钞票	10
				熟悉出纳常用机具	10
				填写票据单证的基本规范	10
				印鉴使用	10
				出纳工作交接	10
				凭证的购买与保管	5

教学项目 2

现金业务

学习目标

1. 了解现金业务内容及现金结算范围;
2. 正确填制现金支票,掌握取现业务操作;
3. 掌握现金收款和存现业务的办理;
4. 掌握报销业务的办理;
5. 掌握员工借款业务的办理;
6. 熟练处理现金日清相关事宜;
7. 养成扎实严谨的工作作风、诚信守密的职业道德和安全意识。

项目概述

现金又称为"库存现金",是指由出纳员保管的存放在企业保险柜中的用于日常零星开支的库存现款。广义的现金除了库存现金外,还包括银行存款和其他符合现金定义的票证。本项目中提到的现金仅指库存现金。企业在日常经营活动中经常需要使用现金,用于职工差旅费、发放工资、备用金等。因此,取现业务是出纳员日常工作中非常重要的业务。

按现金流动方向,现金业务可分为现金收入和现金支出。出纳员处理完当天的业务后,还应该进行现金日清。主要现金业务包括以下几点。

1. 现金收入

取现业务和现金收款业务会导致企业现金增加,属于现金收入。

2. 现金支出

存现业务、报销业务、员工借款会导致企业现金减少，属于现金支出。

3. 现金日清

登记现金日记账、日常盘点，属于现金日清。

任务 2.1　现金提取业务

任务描述

2021 年 9 月 1 日，鲁万公司出纳员李小玲查看保险柜，发现只有 2 000 元现金。为保障企业正常现金业务需求，需根据银行核定的库存现金限额及时补充现金库存。要求出纳员按照取现业务办理程序，完成提取现金 8 000 元的工作任务。出纳员李小玲应完成以下工作任务：

1. 填制现金支票申请单；

2. 填制现金支票；

3. 审核现金支票；

4. 提取现金。

知识准备

《现金管理暂行条例》中规定："开户单位支付现金，可以从本单位的库存现金限额中支付或从开户银行提取，不得从本单位的现金收入中直接支付（即坐支）。"

现金提取金额以银行核定的库存现金使用限额及实际需要为依据，同时企业所提现金用途应符合《现金管理暂行条例》所规定的现金支出范围。

一、库存现金使用限额

库存现金限额是指为保证单位日常零星支付按规定允许留存的现金的最高数额。库存现金使用的限额，由开户行根据单位的实际需要核定，一般按照单位 3 至 5 天日常零星开支所需确定。边远地区和交通不便地区开户单位的库存现金限额，可按多于 5 天但不得超过 15 天的日常零星开支的需要确定。经核定的库存现金限额，开户单位必须严格遵守，出纳人员必须严格将库存现金控制在核定的限额内。

职业判断

刘宁宁是大浪公司的出纳，平时的现金储备是 1 000 元，能够满足公司 3~5 天的零星开支的需要。但是大浪公司在城市郊区，每次去银行提现都要开车近两个小时，所以刘宁宁经单位领导同意后向开户行市工商银行申请增加库存现金限额，以减少往返银行的次数。

提示：该例中公司不属于边远地区，一般银行不会批准。

二、现金结算范围

《现金管理暂行条例》规定，企业可以在下列范围内使用现金：

（1）职工工资、津贴；

（2）个人劳务报酬；

（3）根据国家规定颁发给个人的科学技术、文化艺术、体育等各种奖金；

（4）各种劳保、福利费用以及国家规定的对个人的其他支出；

（5）向个人收购农副产品和其他物资的价款；

（6）出差人员必须随身携带的差旅费；

（7）结算起点以下的零星支出；

（8）中国人民银行确定需要支付现金的其他支出。

上述款项结算起点为 1 000 元。结算起点的调整，由中国人民银行确定，报国务院备案。除上述第（5）、（6）两项外，开户单位支付给个人的款项中，超过使用现金限额部分，应当以支票或者银行本票等银行结算方式支付；确需全额支付现金的，经开户银行审核后，予以支付现金。

职业判断

2021 年 5 月 10 日，中甲公司从当日现金收入中直接支取 5 000 元用于职工福利。请分析该行为是否符合规定并说明理由。

三、现金支票填写规范

现金支票是专门用于支取现金的一种支票。由存款人签发用于到银行为本单位提取现金，也可以签发给其他单位和个人用来办理结算或者委托银行代为支付现金给收款人。为了保障企业资金的安全，企业通常使用现金支票到银行柜台提取现金。

现金支票有正反两面：正面又分为左右两部分，左边为存根联（也称"支票头"），右边为正联（也称"支票联"），如图 2-1-1 所示；背面有两栏，左栏是附加信息，右栏是收款人签章，如图 2-1-2 所示。

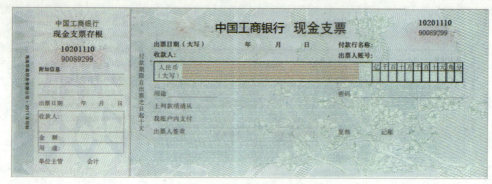

图 2-1-1 现金支票正面

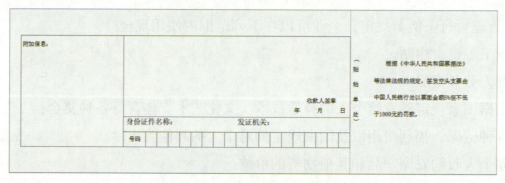

图 2-1-2 现金支票背面

现金支票应按规范填写，填写时应使用黑色或蓝黑色碳素笔，字迹要清晰工整，且不得涂改。具体各项目规范要求如表 2-1-1 所示。

表 2-1-1 现金支票填写规范

支票项目	填写规范
出票日期	1. 正联出票日期为提现日期，出票日期必须用汉字大写数字：零、壹、贰、叁、肆、伍、陆、柒、捌、玖、拾； 2. 在填写月、日时，月为壹、贰和壹拾的，日为壹至玖和壹拾、贰拾和叁拾的，应在其前加"零"； 3. 月为拾壹月、拾贰月，日为拾壹至拾玖的，应在其前面加"壹"
收款人	1. 正联收款人必须为全称，否则银行不予受理； 2. 单位提取现金时，收款人填本单位全称； 3. 收款人为个人时，收款人填个人姓名
付款行名称出票人账号	1. 付款行名称为出票单位开户银行名称，出票人账号为其银行账号； 2. 付款行名称、出票人账号要填写完全准确，错字或者漏字都会导致银行拒绝接收支票
正联金额	1. 正联上的金额分为大写金额和小写金额； 2. 大小写金额必须严格按照书写规范填写，且字迹要清晰，大小写金额要相符； 3. 大写金额数字到元或角为止的，在"元"或者"角"字之后应写"整"或者"正"字，金额到分为止的，分字后不写"整"或者"正"字； 4. 小写金额前要加"¥"符号，金额一律填写到"分"；无角分的，角位或分位填"0"
用途	现金支票的使用有一定限制，用途一般填写"备用金""差旅费""工资""劳务费"等

支票项目		填写规范
密码		1. 企业购买支票时从开户银行随机取得的每张支票的密码，填写支票时将每张支票对应的密码填在密码栏，但不能支票未使用时提前填写； 2. 单位采用密码器自动产生的密码，由出纳人员在密码器上输入支票编号等信息后自动产生密码，将该密码填在密码栏
盖章	正面	支票正面盖财务专用章和法人章，缺一不可（个别银行要求在正联和存根骑缝处用财务专用章再加盖骑缝章）；印泥为红色，印章必须清晰，印章模糊只能将本张支票作废，换一张重新填写，并重新盖章
盖章	背面	1. 现金支票收款人为本单位名称时，现金支票背面"被背书人"栏内加盖本单位的财务专用章和法人章，之后收款人可凭现金支票直接到开户银行提取现金； 2. 现金支票收款人为个人姓名时，此时现金支票背面不盖任何章，收款人在现金支票背面填上身份证号码和发证机关名称，凭身份证和现金支票签字领款
存根		存根联填写的信息必须与正联一致，存根联日期栏填写小写日期，收款人可用简称，金额栏填写小写金额，并在金额前加"¥"，用途填写与正联内容一致

任务实施

出纳员李小玲办理现金支票取现业务流程如图2-1-3所示。

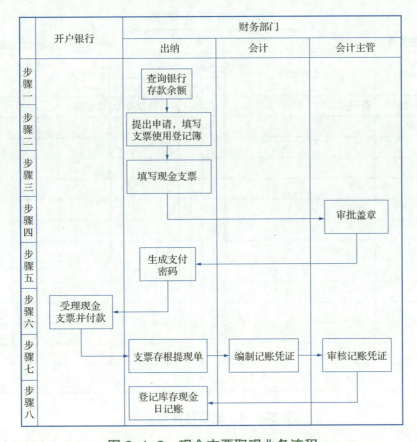

图2-1-3　现金支票取现业务流程

步骤一: 查询银行存款余额。

出纳员提取现金时,应先查询企业基本账户的存款余额,以防止开具空头支票。在确定银行存款余额大于拟提取的金额时才可开具现金支票提取现金。

知识链接

空头支票

企业开出的现金支票票面金额大于其银行存款余额的,称为"空头支票"。

根据规定,空头支票被禁止签发。出票人签发一张支票,如果账户余额不够支付所签发支票的金额,该支票就是一张空头支票。另外,与预留银行签章不符的支票,也被视为空头支票。同时,签发空头支票将依法受到处罚。对于签发空头支票或者与其预留的签章不符的支票,不以骗取财物为目的的,出票人将被处以支票票面金额5%但不低于1 000元的罚款,持票人还有权要求出票人赔偿支票票面金额2%的赔偿金;以骗取财物为目的的,出票人还将被追究刑事责任。

步骤二: 提出申请,填写现金支票使用登记簿。

出纳员使用现金支票取现前需要告知会计主管或相关领导,同时登记现金支票使用登记簿,登记开具现金支票的号码、使用时间、支取金额等如图2-1-4所示。

支票领用登记簿

支票类别:现金支票　　　　　　2021 年 9 月　　　　　银行账号:2506020010408864387

日期		支票号码	支票用途	金额									领用人	报销日期		备注
月	日			千	百	十	万	千	百	十	元	角	分		月	日	
9	1	61480231	备用金				8	0	0	0	0	0	李小玲			

图2-1-4　支票领用登记簿

步骤三： 填写现金支票。

出纳员根据业务内容规范地填写支票，日期、金额、用途等内容按支票的填制要求进行正确的填写，如图2-1-5所示。支票可以用手写的方式进行填写，也可以用支票打印机打印填写，填写务必规范完整。

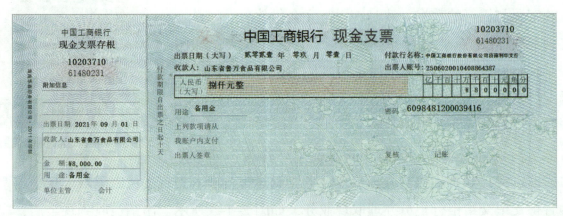

图 2-1-5 填好的现金支票正面

步骤四： 审批盖章。

现金支票填好后，在支票的正反两面加盖企业在银行的预留印鉴。预留印鉴通常为公司财务专用章和法人章，两个章缺一不可，如图2-1-6、图2-1-7所示。

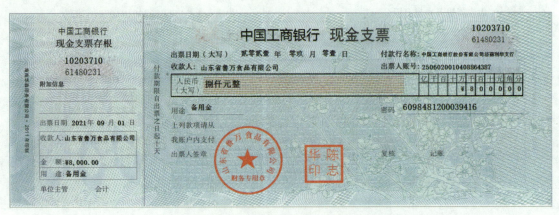

图 2-1-6 盖章后的现金支票正面

图 2-1-7 盖章后的现金支票背面

步骤五： 生成支付密码。

出纳员到银行办理取现业务时，银行会根据预留印鉴及支付密码来判断是否将款项交由持票人。出纳员需将支付密码器生成的密码记录在安全的地方，到银行后填入密码。只有支票上填写的密码与银行的数据一致时，银行才会付款。

支付密码器由企业等存款人向其开户银行购买，如图2-1-8所示。密码器操作简单，通常按其使用说明进行操作即可获得支付密码。

图 2-1-8 支付密码器图样

步骤六： 去银行办理取现业务。

出纳员将现金支票存根联撕下留在企业，作为后期会计做账的依据，将正联带到银行办理取现业务。到达银行后，先将支付密码填入现金支票密码栏，然后将支票交给银行柜员办理取现业务，如图2-1-9所示。出纳员收到现金后，应当场核对金额，验证现金真伪和数量，确认无误后妥善收存。

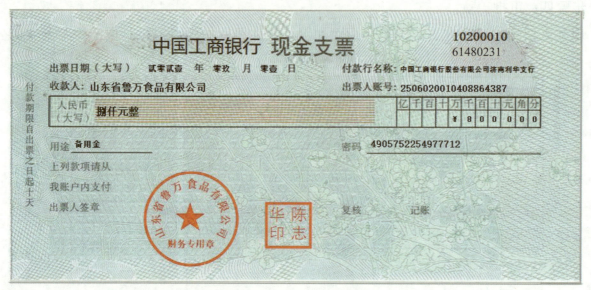

图 2-1-9 填写支付密码

> 🔄 **提示：**
> 现金支票背面出纳人员的身份证号根据各银行要求决定是否填写。

步骤七： 会计编制记账凭证。

出纳员将现金支票存根联交给会计，会计编制记账凭证，会计主管对记账凭证进行审核。

步骤八： 出纳员登记现金。

出纳员根据会计主管审核后的记账凭证，登记库存现金日记账。

备注： 库存现金日记账登记方法见任务2.6现金日清。

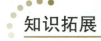

知识拓展

现金支票填错后处理

现金支票若出现填写或盖章错误等情况，必须作废，然后重新申请开具，如图 2-1-10 所示。出纳员应在现金支票的正联和存根联标记作废并妥善保管，同时在现金支票使用登记簿进行作废记录，如图 2-1-11 所示。

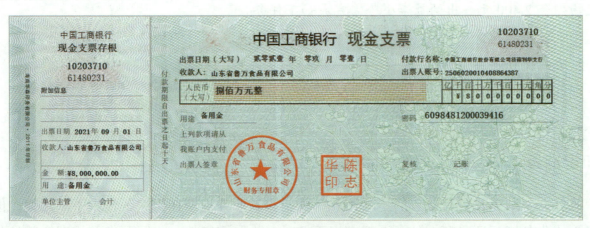

图 2-1-10　现金支票填错作废

支票领用登记簿

支票类别：现金支票		2021 年 09 月		银行账号：2506020010408864387												
日期		支票号码	支票用途	金额									领用人	报销日期		备注
月	日			千	百	十	万	千	百	十	元	角	分		月	日	
09	01	61480231	备用金				8	0	0	0	0	0	0	李小玲			作废

图 2-1-11　现金支票作废登记

任务 2.2　现金收款业务

任务描述

2021 年 9 月 3 日，济南市创达贸易公司采购产品，借用鲁万公司包装箱 30 个，需交纳包装物押金 2 400 元。出纳员李小玲需完成如下任务：

1. 收取并准确清点现金；

2. 填制收款收据；

3. 办理现金收款业务。

知识准备

随着电子结算及银行业务的不断拓展，现金收款业务规模在出纳工作中不断压缩，但收到现金的业务毕竟还是存在的，一般有以下几种：收取零售款、收回预借差旅费余款、收取罚款等。出纳员在收取现金款项时，需认真清点现金金额，并向付款单位或个人开具收款收据。处理现金收款业务时需特别谨慎，避免出现收到假币、金额清点错误、收款收据开错等问题。

收款收据填写

收款收据是企事业单位在收取款项时使用的收款原始凭证。一般没有使用发票的业务，都应该使用收款收据。

收款收据分为内部收款收据和外部收款收据。内部收款收据一般适用于单位内部职能部门之间、单位与职工之间的现金往来、单位与外部单位或个人之间的非经营性现金往来。外部收款收据根据监制单位的不同，可以分为财政部门监制、部队监制和税务部门监制三种。

收据一般分为两联或三联，三联收据的使用更为普遍一些。三联收据的联次为：第一联为存根联，由出纳员自己留存；第二联为收据联（或付款方记账联），盖上财务专用章后交给对方作为收款证明；第三联为记账联，出纳员开具后盖上现金收讫章交给会计做账。

收款收据主要填写内容如表 2-2-1 所示。

表 2-2-1　收款收据主要填写内容

填写项目	具体内容	举例
日期	填写收款当天的日期，使用小写日期	2021 年 9 月 3 日
付款方	在"今收到"后的横线上填写付款人或付款单位名称	济南市创达贸易公司
项目	在付款方后填写收取款项的原因或事由	包装物押金
金额	填写收款的实际金额，使用大小写填写	2 400.00 元；贰仟肆佰元整
结算方式	根据实际情况选择结算方式，一般为填写或选择现金方式，如果是其他方式，则勾选或填写其他选项	☑ 现金，或填写收款方式为"现金"

　　填写完毕并盖章后，第一联存根联保留在收据本上备查，将第二联收据联交给付款方，将第三联记账联交给会计进行账务处理。

🔄 知识链接

钱账分管制度

　　钱账分管，即管钱的不管账，管账的不管钱。《会计法》有严格的规定，会计和出纳不得由一人担任，规定钱和账要分人管理，使出纳与会计相互牵制、相互监督。

　　具体规定如下：

　　1. 由出纳人员管钱。出纳人员专管与钱有关的业务，非出纳人员不得经管现金收付业务和现金保管业务。

　　2. 由非出纳人员管账。财务部门的非出纳人员主要负责账务工作。通常情况下，出纳员负责现金日记账的登记，会计负责现金总账，可以起到互相制约作用。

　　3. 某些科目的账目，出纳员绝对不能兼管。《会计法》明确规定，出纳人员不得监管稽核、会计档案保管、收入、支出、费用、债权债务等账目的登记工作。

任务实施

　　出纳员李小玲办理现金收款业务的流程如图 2-2-1 所示。

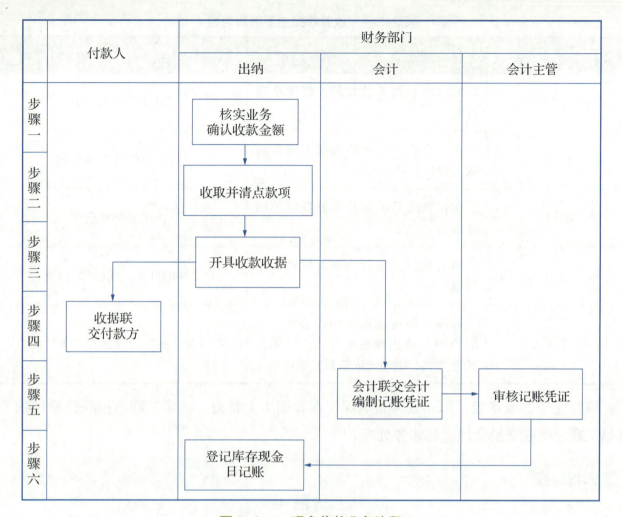

图 2-2-1　现金收款业务流程

步骤一： 出纳员根据业务确认收款金额。

出纳员办理现金收款业务时，必须先根据发生的经济业务或相关交款单据核实该业务的真实性、合法性，并确认应收取的金额。

步骤二： 收取并清点款项。

收取现金，当面清点和检查现金真伪。在点钞时要注意识别假币。点钞无误后应唱收"收您 ×× 元"，然后将钱放入由出纳员保管的钱柜，并对该笔款项的安全负全责。

步骤三： 开具收款收据。

收取款项后，出纳人员根据业务内容开具收款收据，并在收据第二联、第三联加盖印章，如图 2-2-2、图 2-2-3、图 2-2-4 所示。

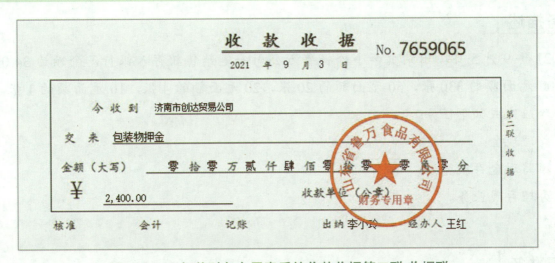

收 款 收 据 No.7659065

2021 年 9 月 3 日

今 收 到　济南市创达贸易公司

交 来　包装物押金

金额（大写）　　零 拾 零 万 贰 仟 肆 佰 零 拾 零 元 零 角 零 分

¥　2,400.00　　　　　　　　收款单位（公章）

核准　　会计　　记账　　　出纳 李小玲　经办人 王红

第一联 存根联

图 2-2-2　填写好的收款收据第一联 存根联

> 提示:
> 收款收据上的相关人员应签字，一般只填写经手人（付款人）和出纳（收款人）。

收 款 收 据 No.7659065

2021 年 9 月 3 日

今 收 到　济南市创达贸易公司

交 来　包装物押金

金额（大写）　　零 拾 零 万 贰 仟 肆 佰 零 拾 零 元 零 角 零 分

¥　2,400.00　　　　　　　　收款单位（公章）

核准　　会计　　记账　　　出纳 李小玲　经办人 王红

第二联 收据联

图 2-2-3　加盖财务专用章后的收款收据第二联 收据联

收 款 收 据 No.7659065

2021 年 9 月 3 日

今 收 到　济南市创达贸易公司

交 来　包装物押金

金额（大写）　　零 拾 零 万 贰 仟 肆 佰 零 拾 零 元 零 角 零 分

¥　2,400.00　　　　　　　　收款单位（公章）　现金收讫

核准　　会计　　记账　　　出纳 李小玲　经办人 王红

第三联 记账联

图 2-2-4　加盖现金收讫章后的收款收据第三联 记账联

步骤四：出纳员将收款收据交付款人。

将加盖了财务专用章的收款收据第二联收据联交给付款人。

步骤五：会计编制记账凭证。

出纳员将加盖了现金收讫章的收款收据第三联记账联交由会计编制记账凭证，会计主管对记账凭证进行审核。

步骤六：出纳员登记现金日记账。

出纳员根据会计主管审核后的记账凭证，登记现金日记账。

任务 2.3　现金存储业务

任务描述

2021 年 9 月 5 日，出纳员李小玲将鲁万公司一笔销售款存入银行，金额为 34 090 元，其中 100 元面额的 330 张，50 元面额的 20 张，20 元面额的 4 张，10 元面额的 1 张。出纳员李小玲应完成如下任务：

1. 整理现金；

2. 填写现金存款凭证；

3. 办理存现业务。

知识准备

一、存现的原因

根据《中华人民共和国现金管理暂行条例》规定：

（1）企业的现金收入应于当日送存开户银行。当日送存确有困难的，由开户银行确定送存时间。

（2）不准未经批准坐支现金。企业支付现金时，可以从本单位库存现金限额中支付或者从开户银行提取，不得从本单位的现金收入中直接支付（即坐支）。如有特殊情况需要坐支现金的，应当事先报经开户银行审查批准，由开户银行核定坐支范围和限额。

（3）除了法律规定外，企业超过公司财务制度规定限额的现金必须存入银行，更是为企业内部安全考虑。

二、存款凭证的取得与填制

现金存款凭证在去银行存款时可免费领取。出纳员可在办公室多存放几份现金存款凭证，存款时可先填写完毕存款凭证后再到银行去，以提高办事效率。

存现必须填写银行存款凭证。不同银行的现金存款凭证的名称有所差异，例如，中国工商银行是"现金存款凭条"，中国农业银行是"现金缴款单"，交通银行是"现金解款单"等等，这里我们以中国工商银行的"现金存款凭条"为例，如图2-3-1所示。

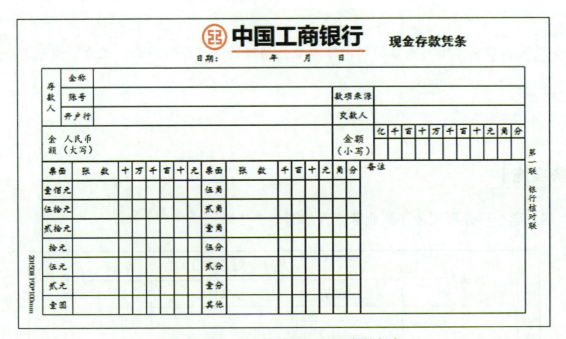

图2-3-1 中国工商银行现金存款凭条

各银行的现金存款凭证内容大同小异，需要填写的内容如表2-3-1所示。

表2-3-1 现金存款凭证填写内容

填写项目	填写内容
存款日期	填写送存银行的当天日期
单位全称	填写存款单位全称
存款账号	单位在银行所开立的账号
开户银行	填写存款单位开户银行的名称
款项来源	填写所收现金的来源，如销货款、业务收入和收费等，但若来源太多也可只写"库存现金"
存款人	填写送存现金人员即出纳员的姓名
存款金额	按照实际存款金额填写大写和小写金额，且要符合金额的书写要求
券别	出纳员要将币值相同的现金分为一组，进行统计

知识链接

填制现金存款凭证

填制现金存款凭证不需要加盖企业的相关印章，出纳员填写完毕后将现金和现金存款凭证交银行柜员办理即可。现金存款凭证一般为一式两联。第一联为收入凭证，此联由银行作现金收入凭证；第二联为回单联，银行受理后，在第二联加盖银行印章后，交于存款单位，作为会计记账凭证。

提示:

如现金存款凭证填写内容错误，可以直接销毁后重新填写一份，但要注意一定撕毁再扔掉。

任务实施

出纳员李小玲办理现金存款业务流程如图 2-3-2 所示。

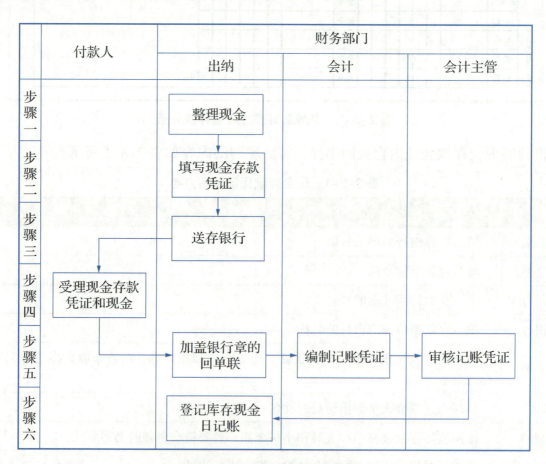

图 2-3-2　现金存款业务流程

步骤一：整理现金。

出纳人员到银行送存现金前，应将现金按不同的面额、币种分别清点整理。纸币要平铺整齐，将同面额的纸币按 100 张为一把进行清点扎把，不够整把的，按照从大额到小额的顺序整理。

步骤二：填写现金存款凭证。

现金存款凭证中日期、单位全称、账号、金额大小写和款项来源等内容为必填项，交款人、券别金额为选填项目。填写完的现金存款凭条如图 2-3-3 所示。

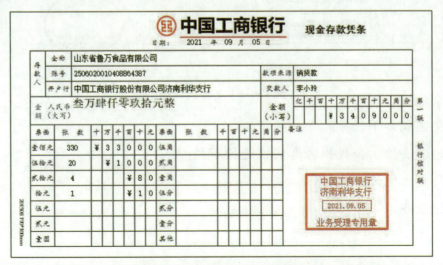

图 2-3-3 填写现金存款凭证

步骤三：送存银行。

出纳员按照规定整理现金、填写存款凭证后，将现金和存款凭证一起送存银行办理存款。

步骤四：银行受理现金存款凭证和现金。

银行业务人员清点现金，确认无误后，将加盖银行章的回单联退还给企业出纳员，如图 2-3-4 所示。

图 2-3-4 加盖银行受理业务章的现金存款凭证回单联

步骤五： 会计编制记账凭证。

出纳员将现金存款凭证回单联交给会计，会计编制记账凭证，会计主管对记账凭证进行审核。

步骤六： 出纳员登记库存现金日记账。

出纳员根据会计主管审核后的记账凭证，登记库存现金日记账。

任务2.4 报销业务

任务描述

2021年9月7日，销售部为招待客户发生餐费636元。销售部赵林峰拿着经领导审批的餐费发票到财务部找出纳员李小玲进行报账。餐费发票如图2-4-1所示。

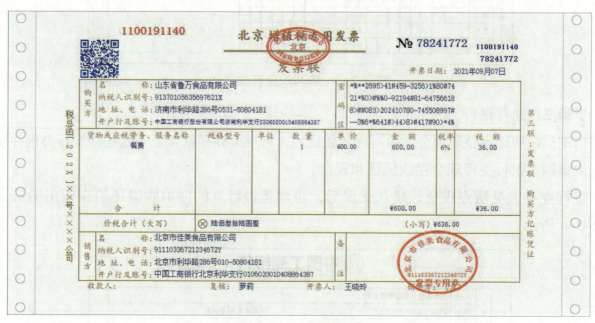

图 2-4-1 餐费发票

李小玲需要完成如下任务：

1. 对发票的合法性、合规性、真实性进行审核；

2. 填写现金支出凭证；

3. 办理报销业务。

知识准备

报销业务是指企业在日常经营活动中发生的以报销形式结算的各种业务，如报销办公费、业务招待费和差旅费等。报销业务是出纳日常工作中最常见的业务之一，是出纳员应掌握的重要业务技能。

费用的报销通常包含事前过程和报销过程两个分步过程。事前过程是指费用产生前，其预算、审批或者预借的过程。报销过程是指费用发生后完整的费用报销流程。

员工办理报销业务的流程主要分为四步，出纳的工作重点在于审核付款，如图2-4-2所示。

图2-4-2　报销业务办理流程

一、报销单的填写

报销单是员工报销与工作相关的支出款项时使用的单据，是企业内部自制单据，形式比较多样，但报销单上所应填写的项目都是类似的，如图2-4-3所示。报销单需填写的具体内容如表2-4-1所示。

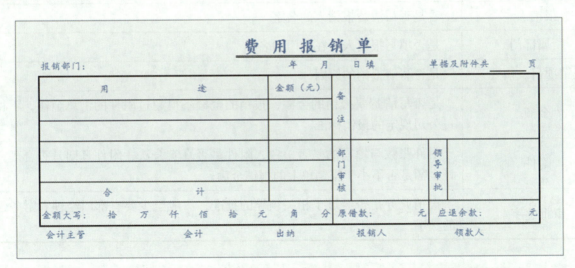

图2-4-3　报销单

> **提示:**
> 在实际工作中，报销单通常由需要报销费用的员工自行填写。

表 2-4-1　报销单的填写内容

填写项目	填写内容	举例
填报日期	填写报销单当天的日期,填写小写日期	2021 年 9 月 7 日
姓名	报销人的姓名	赵林峰
所属部门	报销人所在的部门	销售部
报销项目与摘要	写明报销费用的具体用途	餐费
金额	规范填写大小金额,包括明细金额与合计金额	陆佰叁拾陆元整,636.00
附件	报销时所附发票张数	1

二、报销凭证审核

员工报销时,要先填写报销单,并按企业规定办理相关的审核、审批手续,然后交由出纳员审核付款。出纳员收到报销单时,必须核实报销单上的要素是否完整,手续是否完备,附件是否合法,金额是否合理等。

出纳员审核报销单具体包括以下几点,如表 2-4-2 所示。

表 2-4-2　审核报销单内容

审核项目	审核内容
报销日期	报销日期不能在提交报销单的日期之后,看是否与报账日期相近
报销人	看是否写清楚报销人的名字
所属部门	是否填写报销人所在部门的名称
报销项目、摘要	是否写清报销的原因
金额	是否写清楚要报销的金额,报销的金额不得超过附件的汇总金额,不得超过公司规定的报销标准
附件	附件张数与填写的是否一致,附件是否真实合法,附件日期是否合理,合计金额是否不小于报销单上的报销金额
审批签字	报销业务是否经过了相关领导的批准,一般至少要有部门经理和财务经理的签字

> **提示:**
> 出纳员收到没有按要求完成审批手续的报销单,应不予受理。但对于有预算的报销项目,如费用没有超出部门报销预算标准的,可以不经过分管领导审批直接由会计主管审批后报销。具体情况按各单位制度执行。

任务实施

出纳员李小玲办理报销业务流程如图 2-4-4 所示。

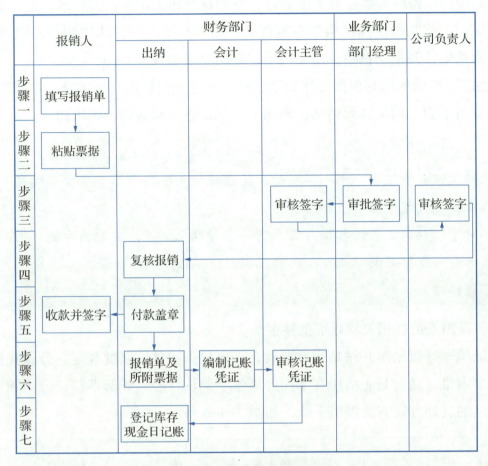

图 2-4-4　报销业务流程

步骤一： 报销人员填写报销单。

报销人员根据实际发生经济业务的原始凭证填写报销单，填写完毕的费用报销单如图 2-4-5 所示。

图 2-4-5　费用报销单（报销人员填写）

步骤二：报销人员粘贴票据。

报销人填写完报销单后，需要将本业务的相关发票粘贴在报销单后面。整理并粘贴原始凭证时需要注意以下几点：

（1）粘贴前：先将所有票据分类整理好，并准备好相关用具，如胶水、粘贴纸等。

（2）粘贴时：将胶水涂抹在票据左侧背面，沿着粘贴纸装订线内侧和粘贴纸的上、下、右三个边依次均匀排开横向粘贴，避免将票据贴出粘贴纸外。

（3）粘贴后：要确保所有单据必须贴紧，粘贴时应避免单据互相重叠，粘贴至粘贴单时，应从右到左、由下到上均匀排列粘贴，确保上、下、右三面对齐，不出边。

> **提示：**
>
> 同类原始凭证数量较多、大小不一时，按照规格大小将同类型发票粘贴在一起的原则粘贴，票据比较多时可使用多张粘贴纸。
>
> 另外，对于比粘贴纸大的票据或其他附件，粘贴位置也应在票据左侧背面，沿装订线粘贴，超出部分可以按照粘贴纸大小折叠在粘贴纸范围之内。如果单据过小，可根据粘贴纸的尺寸多排粘贴。

步骤三：报销人员找相关领导审批签字。

报销人员填写好报销单并粘贴完发票后，需要根据本单位制度规定，分别找相关领导在报销单上签字审批。通常是先由所在部门经理签字确认，经财务部审核，公司领导签字批准后，最后到出纳员处办理有关报销手续，如图2-4-6所示。

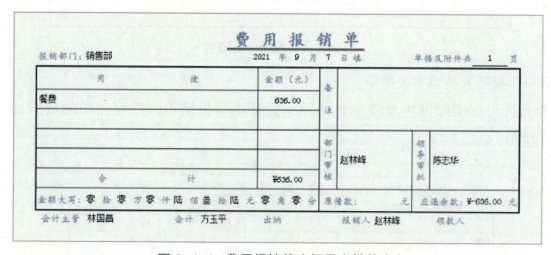

图 2-4-6 费用报销单（领导审批签字）

> **提示：**
>
> 不同公司的报销审批制度是不一样的，报销人员在审批时需根据所在公司的相关制度办理报销手续。

步骤四： 出纳员审核报销单。

出纳员根据会计人员审核后的原始凭证，再次严格核对报销单，必须核实报销单上的要素是否完整，手续是否完备，附件是否合法，金额是否合理等。

步骤五： 出纳员付款盖章。

审核无误后，出纳员让报销人在报销单的"报销人"及"领款人"处签字，然后把报销款付给报销人，付款时要唱付，最后在付完款的报销单上加盖"现金付讫"章，证明报销款项支付完毕，防止重复支付，如图2-4-7所示。

图2-4-7　费用报销单（付款盖章后）

步骤六： 会计编制记账凭证。

出纳员将报销单及所附票据交由会计编制记账凭证。会计主管对记账凭证进行审核。

步骤七： 出纳员登记现金日记账。

出纳员根据会计主管审核后的记账凭证，登记库存现金日记账。

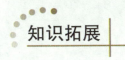

知识拓展

差旅费报销业务办理

差旅费是指出差期间因办理公务而产生的交通费、住宿费和公杂费等各项费用。差旅费是行政事业单位和企业的一项重要的经常性支出项目。

差旅费核算的内容包括用于出差旅途中的各项费用支出，包括购买车、船、火车、飞机的票费、住宿费、伙食补助费及其他方面的支出。一般情况下，单位会根据财务制度要求，结合本单位实际情况制定差旅费报销制度，严格规定员工出差乘坐交通工具、住宿、补助等费用的基本标准。

差旅费报销单是员工报销差旅费时使用的单据，是企业内部自制单据，形式比较多样，但报销单上所应填写的项目都是类似的，如图2-4-8所示。员工报销时根据实际发生的差旅费原始凭证，结合本单位的报销标准填写报销单，并将相关发票粘贴在报销单后面，然后按照本单位的审批报销流程进行报销业务办理。

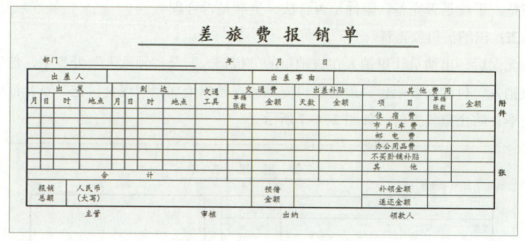

图 2-4-8　差旅费报销单

知识链接

网上报销业务办理

　　网上报销是基于网络的在线报销流程，越来越多的企业采用网上报销流程办理报销业务。和传统报销流程不同，在这一流程下，员工可以在任何时间、从任何地点提交财务报销申请，领导可以通过软件进行业务审批，财务部门对原始凭证审核无误后，自动生成记账凭证，并可以通过网上银行进行支付。

　　网上报销实现了无接触式报销及全过程的网上审批，费用预算、报销标准、报销限额通过网上报销系统实时控制，报销原始单据在传递过程中通过条码管理，报销规章制度及填报说明随时可查，可以大幅度提高单位报销效率和水平。

任务 2.5　员工借款业务

任务描述

　　2021 年 9 月 9 日，鲁万公司采购部苏波要去外地采购材料，到财务部预借差旅费 3 000 元。出纳员李小玲需完成如下任务：

　　1. 审核经领导审批的借款单；

　　2. 办理借款业务。

知识准备

单位涉及的现金支出，除了存现、员工报销之外，员工借款业务经常发生，借款业务办理是出纳员必须掌握的一项重要业务。

借款业务会导致单位的资金外流，所以出纳人员在处理相关业务时要特别谨慎，注意审核借款单的填写、借款业务的真实性、合理性以及审批程序的完整性。

员工借款时，先填写借款单，然后按企业借款制度规定经相关领导审批后，交由出纳员审核付款。办理借款业务的主要流程如图 2-5-1 所示。

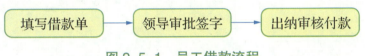

图 2-5-1 员工借款流程

借款单的填写

员工借款一般要填写借款单，如图 2-5-2 所示。借款单是企业内部自制单据，一般为一式一联，格式根据需要自行设计。借款单可以在办公用品店购买，也可由企业根据实际情况自行设计并打印使用。

借　款　单

资金性质 _____　　　　　　　　　　　　　年　　月　　日

借款单位		
借款理由		
借款数额	人民币（大写）	￥_____
本单位负责人意见		借款人（签章）
领导指示：	会计主管人员核批：	付款记录： 　年　月　日　以第　号 支票或现金支出凭单付给

图 2-5-2 借款单

借款单主要填写内容如表 2-5-1 所示。

表 2-5-1　借款单主要填写内容

填写项目	填写内容	举例
借款日期	借款当天的日期	2021 年 9 月 9 日
借款部门	借款人所在部门名称	采购部
姓名	借款人的姓名	苏波
借款事由	借款的原因	去外地采购材料
借款金额	采用大小写方式填写借款金额	叁仟元整，3 000.00

任务实施

出纳员李小玲办理员工借款业务流程如图 2-5-3 所示。

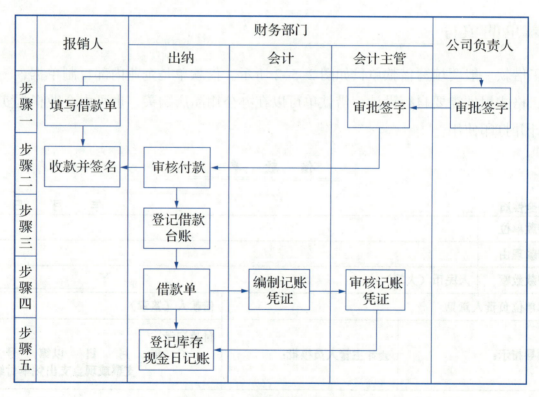

图 2-5-3　员工借款业务流程

步骤一：填写借款单。

借款时，由借款人根据实际情况填写借款单如图 2-5-4 所示，并按企业规定办理相关的审核审批手续。

借　款　单

资金性质 库存现金　　　　2021 年 9 月 9 日

借款单位	采购部		
借款理由	采购材料		
借款数额	人民币（大写）叁仟元整		¥ 3,000.00
本单位负责人意见	陈志华	借款人（签章）	苏波
领导指示：陈志华	会计主管人员核批：林国昌	付款记录：2021 年 9 月 9 日 以第　号 支票或现金支出凭单付给	

图 2–5–4　借款单（借款人填写、领导审批签字）

步骤二：出纳员审核付款。

借款人将完成审批手续的借款单交给出纳员，出纳员收到借款单后应逐项审核借款单的内容，特别是要核对借款原因是否准确、清楚填写，大小金额是否正确、是否一致，借款是否经过相关领导的批准，审批人员的字迹是否正确，是否符合企业报销审批流程等。

审核无误后，出纳员将借款的金额付给借款人，付款时要唱付。付款后出纳员应在付完款的借款单上加盖"现金付讫"章，说明该款项已办理完毕，以防止重复支付，如图 2–5–5 所示。

借　款　单

资金性质 库存现金　　　　2021 年 9 月 9 日

借款单位	采购部		
借款理由	采购材料		现金付讫
借款数额	人民币（大写）叁仟元整		¥ 3,000.00
本单位负责人意见	陈志华	借款人（签章）	苏波
领导指示：陈志华	会计主管人员核批：林国昌	付款记录：2021 年 9 月 9 日 以第　号 支票或现金支出凭单付给	

图 2–5–5　借款单（付款盖章后）

步骤三：登记借款台账。

出纳员登记借款台账，如图 2–5–6 所示。借款台账是借款的明细账，记录借款人的姓名、借款人的部门、借款事由、金额、借款时间、还款时间等信息。通过借款台账，可以清楚地知道员工借款的详细信息，更好地跟踪和管理员工的借款。

员工借款明细账

所属时间：2021 年 09 月　　　　　　　　　　　　　　　　单位：元

编号	姓名	部门	摘要	借款金额	借款日期	还款金额	还款日期	结余金额
1	苏波	采购部	出差采购材料	3000.00	2021.09.09			

图 2-5-6　借款台账

步骤四： 会计编制记账凭证。

出纳员将借款单交由会计编制记账凭证。会计主管对记账凭证进行审核。

步骤五： 出纳员登记现金日记账。

出纳员根据会计主管审核后的记账凭证，登记库存现金日记账。

知识拓展

在借款人归还借款时，出纳员首先根据借款台账核实，确认无误后开具相关的收款证明给借款人，办理完毕后登记借款台账，核销该笔借款信息。

例如，假设本任务中业务员苏波于 2021 年 9 月 25 日出差归来，报销差旅费 2 400 元，剩余 600 元以现金还清。出纳员李小玲开具收款收据如图 2-5-7 所示，并登记借款台账如图2-5-8 所示。

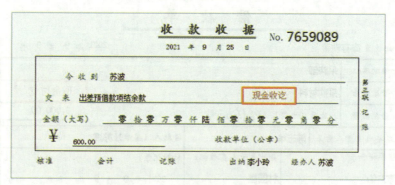

图 2-5-7　收款收据（员工还款）

员工借款明细账

所属时间：2021 年 09 月　　　　　　　　　　　　　　　　单位：元

编号	姓名	部门	摘要	借款金额	借款日期	还款金额	还款日期	结余金额
1	苏波	采购部	出差采购材料	3000.00	2021.09.09	3000.00	2021.09.25	0.00

图 2-5-8　借款台账（核销）

任务2.6　现金日清业务

任务描述

　　2021年9月20日，出纳员李小玲结束了一天的工作后，打开保险柜，盘点当天的现金余额。正式做出纳员20天了，李小玲一直记得会计主管林国昌叮嘱过她的话："出纳工作一定要日清日结，每天都要进行现金盘点和对账，这样有问题才可以及时发现。"9月20日，鲁万公司库存现金日记账余额为32 000元，共发生2笔现金业务，如图2-6-1所示。

　　1. 提取现金2 000元备用；

　　2. 收到高华庆交来罚款300元。

　　会计方玉平已根据李小玲提供的原始凭证编制记账凭证，并经由会计主管林国昌审核，如图2-6-2、图2-6-3所示。

库存现金日记账

2021 年		记账凭证		对方科目	摘要	借方	贷方	√	余额
月	日	字	号			千百十万千百十元角分	千百十万千百十元角分		千百十万千百十元角分
9	20				承前页	7 8 9 0 0 0 0	5 6 0 0 0 0 0		3 2 0 0 0 0 0

图2-6-1　库存现金日记账

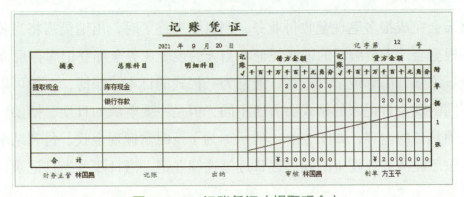

图2-6-2　记账凭证（提取现金）

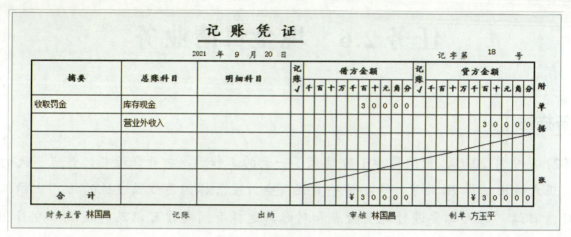

图 2-6-3　记账凭证（收取罚金）

李小玲需完成如下任务：

1. 清理当日现金收支业务，根据记账凭证逐笔登记库存现金日记账。
2. 盘点库存现金并与现金日记账余额进行核对。

知识准备

现金日清月结业务是出纳人员办理现金出纳业务，必须做到按日清理，按月结账。按日清理是指出纳人员每天都要对当日的现金业务进行清理，全部登记现金日记账，并结出库存现金账目余额。

一、现金日清业务的主要内容

1. 清理各种现金收付款凭证

检查单证是否相符，即各种收付款凭证所填写的内容与所附原始凭证反映的内容是否一致；同时，还要检查每张单证是否已经盖齐"现金收讫""现金付讫"的戳记。

2. 登记现金日记账

出纳员每天会完成很多笔现金收付业务，当日业务终了时，出纳员需将当日的现金业务进行核对，并根据会计人员编制的记账凭证将当天的现金业务全部登记库存现金日记账。

库存现金日记账，简称现金日记账，通常为三栏式的订本式账簿，一般可以在会计用品商店买到。不同的现金日记账的格式会有所不同，但是主要事项如日期、摘要、借方、贷方及余额，是必须具备的内容，如图 2-6-1 所示。为了及时掌握现金收、付和结余情况，现金日记账必须要按照经济业务发生的顺序逐日逐笔连续登记，当日账务当日记录，并于当日结出余额。

3. 现金盘点清查

为了加强现金管理，保证账实相符，防止发生差错、丢失、侵占、挪用，应对库存现金进行清查。现金盘点清查是指对库存现金的盘点与核对。出纳员应每日终了清点现金，通过现金日记账余额与实际库存现金的对比，可以及时核对当天的现金收支业务是否正确登记。如发现账实不符，应立即查明原因，在现金盘点报告中列明并进行处理。

备注： 现金盘点方法详见任务 5.1 现金盘点业务处理

4. 检查库存现金是否超过规定的现金限额

如实际库存现金超过规定库存限额，则出纳员应将超过部分及时送存银行；如果实际库存现金低于库存限额，则应及时补提现金。

二、登记现金日记账

1. 现金日记账的登记依据

现金日记账由出纳人员根据复核无误的收、付款凭证或相关的通用记账凭证，按经济业务发生时间的先后顺序，使用蓝、黑色钢笔或签字笔逐笔、序时、连续地进行登记，不得跳行、跳页。

2. 现金日记账的账页格式

现金日记账的账页格式一般采用"借方金额""贷方金额""余额"三栏式。一般而言，现金日记账上的"日期""摘要""借方金额（增加金额）""贷方金额（减少金额）""余额"为必填栏。

3. 现金日记账的登记要求

库存现金日记账各栏次的填写说明如表 2-6-1 所示。

表 2-6-1 现金日记账的填写内容

栏次	填写说明
"日期"栏	记账凭证的日期，通常与现金实际收付日期一致
"凭证号"栏	登记记账凭证的编号，以便于查账和核对
"摘要"栏	简要说明登记入账的经济业务的内容
"借方金额"栏	登记现金实际收入（增加）的金额，即记账凭证上"库存现金"的借方金额
"贷方金额"栏	登记现金实际支付（减少）的金额，即记账凭证上"库存现金"的贷方金额
"余额"栏	根据"本行余额 = 上行余额 + 本行借方 – 本行贷方"的公式计算填入

任务实施

出纳员李小玲根据本日记账凭证规范登记库存现金日记账，如图 2-6-4 所示。

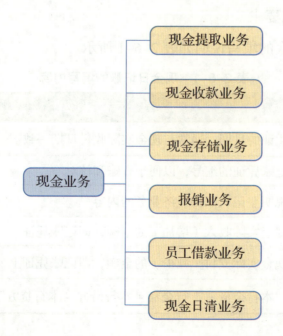

图 2-6-4　库存现金日记账（规范登记）

⊃ 提示：

登记现金日记账时若出现差错，需根据具体情况采用画线更正、红字更正、补充登记等方法进行更正。

项目小结

```
                              ┌── 现金提取业务
                              │
                              ├── 现金收款业务
                              │
                              ├── 现金存储业务
         现金业务 ────────────┤
                              ├── 报销业务
                              │
                              ├── 员工借款业务
                              │
                              └── 现金日清业务
```

考核评价

本项目考核采用百分制，采取过程考核与结果考核相结合的原则，注重技能考核。

过程考核/40%				结果考核/60%	
职业态度	组织纪律	学生互评	实训练习	考核序号	分值
根据学生课堂表现，采取扣分制	考勤与课堂纪律	小组内同学互评，组间互评	教师根据学生提交的实训报告情况进行评价	取现业务办理	10
				现金收款业务办理	10
				存现业务办理	10
				报销业务办理	10
				员工借款业务办理	10
				现金日清业务办理	10

教学项目 3

银行结算业务

学习目标

1. 了解银行结算方式的种类；
2. 熟练掌握转账支票收付款的业务办理；
3. 熟练掌握电汇收付款的业务办理；
4. 熟练掌握银行本票收付款的业务办理；
5. 熟练掌握银行汇票收付款的业务办理；
6. 熟练掌握银行承兑汇票收付款的业务办理；
7. 熟练掌握工资发放的业务流程；
8. 熟练掌握五险一金及税费的缴纳流程。

项目概述

银行结算是指企业通过银行账户的资金转移实现收付款项的行为，即银行接受企业委托代收代付，从付款单位存款账户划出款项，转入收款单位存款账户，以此完成企业之间债权债务的清算或资金的调拨。

银行结算账户是指存款人在经办银行开立的办理资金收付结算的人民币活期存款账户。

从银行结算账户的定义可以看出，它具有以下特点：办理人民币业务，办理资金收付结算业务，是活期存款账户。

银行结算账户一般分为基本存款账户、一般存款账户、临时存款账户和专用存款账户，具体内容如表 3-1-1 所示。

表 3-1-1　银行结算账户类别及相关规定

类别	相关规定
基本存款账户	• 存款人办理日常转账结算和现金收付的账户 • 基本存款账户是存款人的主办账户 • 存款人只能在银行开立一个基本存款账户 • 存款人的工资、奖金等现金的支取需通过本账户办理 • 账户的开立必须经过中国人民银行核准后才能核发开户许可证
一般存款账户	• 在基本存款账户开户银行以外的银行机构开立 • 办理存款人借款转存、借款归还和其他结算的资金收付 • 企业可以通过此账户办理转账结算和现金缴存，但不能办理现金支取 • 存款人开立一般存款账户没有数量限制 • 开立一般存款账户实行备案制，无须中国人民银行核准
临时存款账户	• 用于办理临时机构以及存款人临时经营活动发生的资金收付 • 有效期最长不超过 2 年
专用存款账户	• 用于办理各项专用资金收付的账户 • 如基本建设、更新改造等专项资金

　　企业发生货币资金收付业务时，目前可以通过银行办理转账结算的结算方式有：支票、银行本票、银行汇票、商业汇票、委托收款、托收承付、汇兑、信用卡等。

任务 3.1　转账支票

情景引例

　　李小玲刚进公司不久，只办理过取现业务，今天会计主管林国昌让她签发一张转账支票，支付前欠的销售款。李小玲是第一次接触到办理转账支票的业务，她很认真地向会计主管请教转账支票收付款业务的基本处理技能和程序，努力掌握转账支票收付款业务的每一个工作细节。

知识准备

　　转账支票，是出票人签发的，委托办理支票存款业务的银行在见票时无条件支付确定的金额给收款人或持票人的票据。在银行开立存款账户的单位和个人，用于交易的各种款项，均可签发转账支票，委托开户银行办理付款手续。转账支票提示付款期限为自出票日起10日。超过提示付款期限提示付款的，持票人开户银行不予受理，付款人不予付款。

一、转账支票的特点

与现金支票相比，转账支票的特点如表3-1-2所示。

表3-1-2　现金支票与转账支票的特点对比表

支票特点	支票种类及特点	
	现金支票	转账支票
取现转账	只能支取现金，不能转账	只能转账，不能支取现金
背书转让	不可以背书转让	可以背书转让
收款人名称	个人或单位名称	对方单位名称
支票用途	有一定限制	没有具体规定
授权补记	收款人名称、金额可以由出票人授权补记	收款人名称、金额可以由出票人授权补记，未补记的不得背书转让和提示付款

二、转账支票的填写规范

转账支票有正反两面：正面又分为左右两部分，左边为存根联（也称"支票头"），右边为正联（也称"支票联"），如图3-1-1所示；背面有三栏，左栏是附加信息栏，右栏是背书人签章栏，如图3-1-2所示。

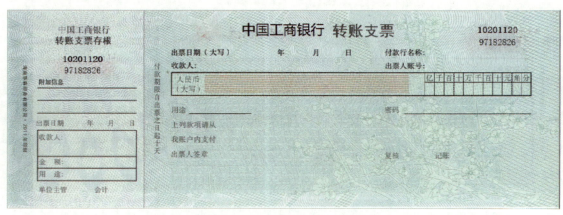

图3-1-1　转账支票（正面）

图 3-1-2　转账支票（背面）

转账支票应按规范填写，填写时应使用黑色或蓝黑色碳素笔，字迹要清晰工整，且不得涂改，如表 3-1-3 所示。

表 3-1-3　转账支票填写规范表

支票项目	填写规范
出票日期	1. 必须使用中文大写：零、壹、贰、叁、肆、伍、陆、柒、捌、玖、拾； 2. 为防止变造票据日期，在填写月、日时，月为壹、贰和壹拾的，日为壹至玖和壹拾、贰拾和叁拾的，应在其前加"零"； 3. 月为拾壹月、拾贰月，日为拾壹至拾玖的，应在其前加"壹"
收款人	1. 收款人为全称，否则银行不予受理； 2. 收款人为单位时，填写单位全称； 3. 收款人为个人时，填写个人姓名
付款行名称 出票人账号	1. 填写出票单位开户银行名称及银行账号； 2. 填写要完全准确，错、漏字都会导致银行拒收支票
出票金额	1. 金额分为大写和小写，二者必须一致； 2. 中文大写金额数字前应标明"人民币"字样，小写金额前要加"¥"符号
票据用途	没有具体规定，用途比较广泛，可填写如"货款""工程款"等，可根据实际发生的项目填写
盖章	1. 正面加盖银行预留印鉴，一般为财务专用章和法人章，缺一不可； 2. 出票人签章处加盖的印鉴是否是与银行预留印鉴相符； 3. 印章必须清晰，模糊作废
存根联	与正联一致，存根联日期栏填写小写日期，收款人可用简称，金额栏直接填写小写金额，并在前面加"¥"

相关政策法规

《票据管理实施办法》第三十一条规定：签发空头支票或者签发与其预留的签章不符的支票，不以骗取财物为目的的，由中国人民银行处以票面金额 5% 但不低于 1 000 元的罚款；持票人有权要求出票人赔偿支票金额 2% 的赔偿金。

子任务 3.1.1　转账支票收款业务

任务描述

2021 年 9 月 5 日，鲁万公司销售员赵林峰向北京市阳光贸易公司销售巧克力，货款 10 000 元，增值税销项税额 1 300 元。同日，鲁万公司财务部收到阳光贸易公司签发的转账支票一张，金额为 11 300 元，相关业务单据如图 3-1-3、图 3-1-4 和图 3-1-5 所示。出纳员李小玲需要完成以下任务：

1. 审核转账支票；
2. 填写进账单；
3. 办理进账手续。

购销合同

合同编号：57437290

供货单位（甲方）：　北京市阳光贸易公司

购货单位（乙方）：　山东省鲁万食品有限公司

根据《中华人民共和国合同法》及国家相关法律、法规之规定，甲乙双方本着平等互利的原则，就甲方购买乙方货物一事达成以下协议。

一、货物的名称、数量及价格：

货物名称	规格型号	单位	数量	单价	金额	税率	价税合计
巧克力	丝滑牛奶	盒	50	200.00	10,000.00	13%	11,300.00
合计（大写）　壹万壹仟叁佰元整							¥11,300.00

二、交货方式和费用承担：交货方式　供货方送货　，交货时间　2021年09月05日　前，

交货地点　北京市朝阳区阳光路166号　，运费由　供货方　承担。

三、付款时间与付款方式：　无

四、质量异议期：订货方对供货方的货物质量有异议时，应在收到货物后　内提出，逾期视为货物质量合格。

五、未尽事宜经双方协商可作补充协议，与本合同具有同等效力。

六、本合同自双方签字、盖章之日起生效；本合同壹式贰份，甲乙双方各执壹份。

甲方（签章）：　　　　　　　　　　乙方（签章）：

授权代表：王阳　　　　　　　　　　授权代表：陈志华

地　　址：北京市朝阳区阳光路166号101　　地　　址：济南市利华路286号

电　　话：010-79397788　　　　　电　　话：053150804181

日　　期：2021年09月05日　　　　日　　期：2021年09月05日

图 3-1-3　购销合同

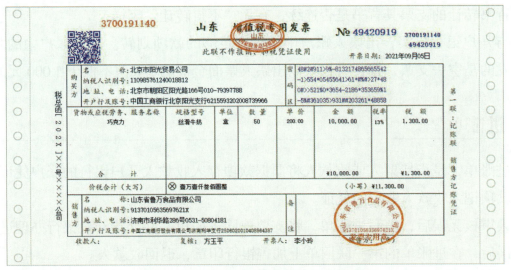

图 3-1-4　增值说专用发票（记账联）

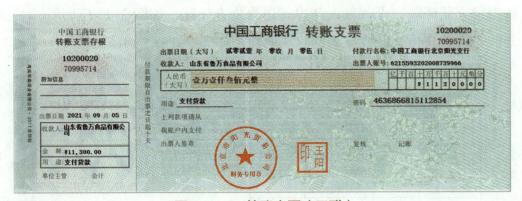

图 3-1-5　转账支票（正联）

知识准备

出纳员收到转账支票后，需审核支票的内容，填写进账单，办理收款业务。

一、审核转账支票

出纳人员接受转账支票，应注意审核以下内容：

（1）支票填写是否清晰，是否用墨汁或碳素墨水填写；

（2）收款人名称是否为本单位全称；

（3）支票签发日期是否在 10 天的付款期内；

（4）金额日期是否书写正确，中文大写与小写是否一致；

（5）大小写金额、签发日期和收款人有无更改；

（6）签章是否清晰、齐全，出票人签章处加盖的印鉴是否与银行预留印鉴相符；

（7）背书转让的支票其背书是否连续，有无"不得转让"字样；

（8）与开户银行核实，出票人账户中是否有足够的款项划转。如果账户中的款项不足，出票人签发的是空头支票，银行有权处以出票人票面金额的 5% 但不低于 1 000 元的罚款。

二、进账单

银行进账单，是指持票人或收款人将票据款项存入收款人开户银行的账户凭证，也是银行将票据款项记入收款人账户的凭证。

收款人审核无误后，填写进账单，将支票连同进账单一并交给开户银行办理进账，经银行审核无误后，在进账单的第一联回单上加盖银行印章，退回收款人。

进账单一式三联，第一联为回单联，是开户行交给持（出）票人的回单，如图 3-1-6 所示；第二联为贷方凭证联，由收款人开户行作为贷方凭证，如图 3-1-7 所示；第三联为收账通知联，是收款人开户行交给收款人的收账通知，如图 3-1-8 所示。

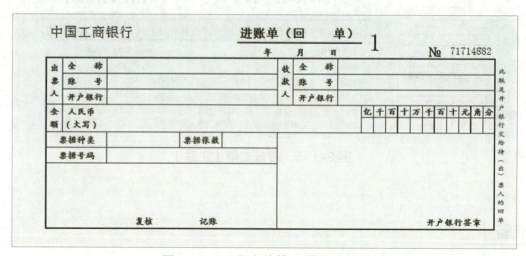

图 3-1-6　进账单第一联（回单）

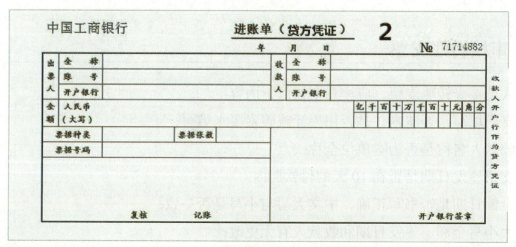

图 3-1-7　进账单第二联（贷方凭证）

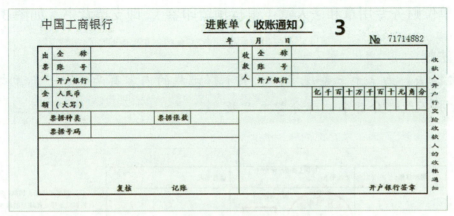

图 3-1-8 进账单第三联（收账通知）

进账单的填制方法如表 3-1-4 所示。

表 3-1-4 进账单填制要求表

填写项目	填写要求
单据日期	填写办理进账当天的日期
出票人全称	按支票上记载的出票人签章上的名称填写
出票人账号	按支票上记载的出票人账号填写
出票人开户银行	按支票上记载的付款行名称填写
收款人全称	收款单位的全称
收款人账号	收款单位的银行账号
收款人开户银行	填写收款单位开户银行的全称
单据金额	按支票的金额填写
票据种类	根据票据种类填写，如：转账支票、银行汇票、银行本票等
票据张数	送存银行的票据张数
票据号码	送存银行票据的号码

三、票据背书

背书是指票据的收款人或者持票人为将票据权利转让给他人或者将一定的票据权利授予他人行使而在票据背面或者粘单上记载有关事项并签章的行为。

背书人是指在转让票据时，在票据背面或粘单上签字或盖章，并将该票据交付给受让人的票据收款人或持有人。被背书人是指被记名受让票据或接受票据转让的人。背书后，被背书人成为票据新的持有人，享有票据的所有权利。

例如，甲公司向乙公司签发了一张票面金额为 10 万元的转账支票，出票日期为 2021 年 9 月 1 日。如果乙公司将支票直接存入其开户银行，需在支票背面的背书处签注"委托收款"

字样，并加盖单位财务专用章和法人章（银行预留印鉴），即支票背书，如图 3-1-9 所示。

> **相关政策法规**
>
> 我国《票据法》第三十三条规定，背书不得记载的内容有两项：一是背书时不得附有条件；二是背书不能部分背书，部分背书无效。

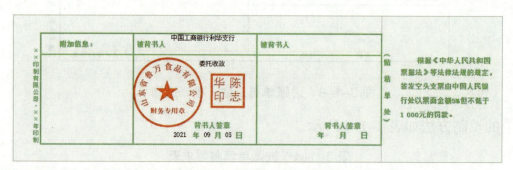

图 3-1-9　转账支票（背书）

任务实施

出纳员李小玲完成转账支票收款业务流程如图 3-1-10 所示。

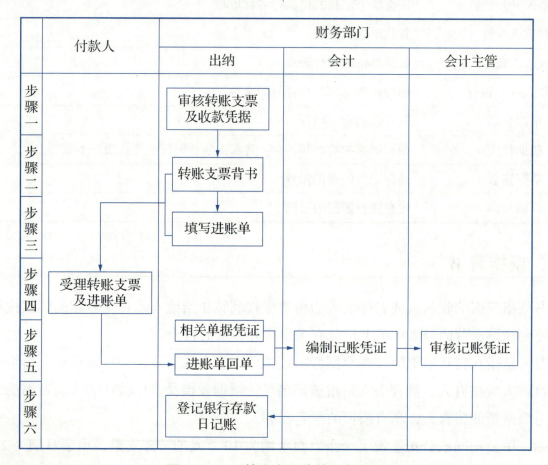

图 3-1-10　转账支票收款业务流程

步骤一： 审核转账支票及收款凭据。

出纳员收到转账支票，首先应检查各填写项目是否符合规定的要求。

步骤二： 转账支票背书。

（1）在转账支票背面的被背书人一栏里，填写本单位开户行全称；

（2）在转账支票背面的背书人签章一栏里，签注"委托收款"字样，并加盖单位财务专用章和法人章（银行预留印鉴），如图 3-1-11 所示。

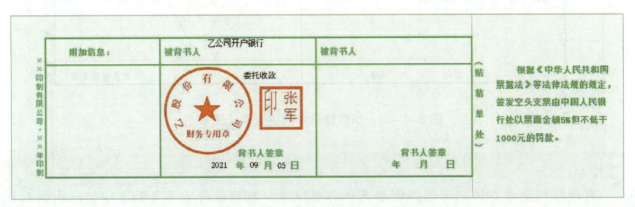

图 3-1-11　转账支票（背书）

步骤三： 填写进账单。

进账单一式三联，第一联为回单联，是开户行交给持（出）票人的回单，如图 3-1-12 所示。

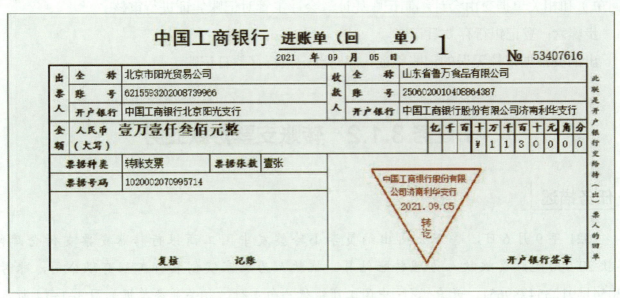

图 3-1-12　进账单（回单）

步骤四： 出纳员去银行办理进账。

出纳员将转账支票正联和进账单交给开户银行，委托银行收款。银行受理后，将加盖转讫章的进账单回单或收账通知交给出纳人员，如图 3-1-13 所示。

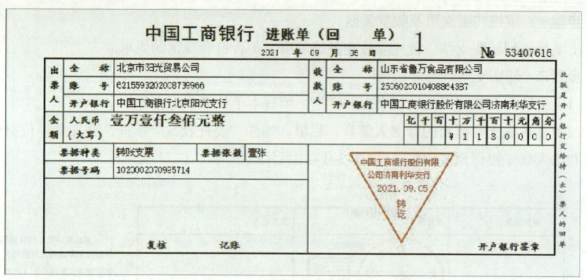

图 3-1-13 加盖转讫章的进账单（回单）

> 💡 提示：
>
> 有的银行要求在进账单第二联加盖银行受理章，有的银行不要求加盖印鉴，出纳人员需提前与开户银行沟通，了解开户银行的要求。

步骤五： 会计编制记账凭证。

收款人开户银行办妥进账手续后，通知收款人收款入账，出纳员将转账支票的进账单（回单）和相关单据交由会计编制记账凭证。会计主管对记账凭证进行审核。

步骤六： 登记银行存款日记账。

出纳员根据审核无误的记账凭证，序时登记银行存款日记账。

子任务 3.1.2 转账支票付款业务

任务描述

2021年9月6日，鲁万公司出纳员李小玲签发中国工商银行转账支票支付仓库修缮款 20 000 元，交收款人办理转账结算。收款人为北京实创装饰工程有限公司，账号：6205415912354789651，开户银行：中国工商银行马甸支行。相关业务单据如图3-1-14所示，出纳员李小玲需要完成以下任务：

1. 审核支票领用单；

2. 签发转账支票；

3. 登记支票领用簿。

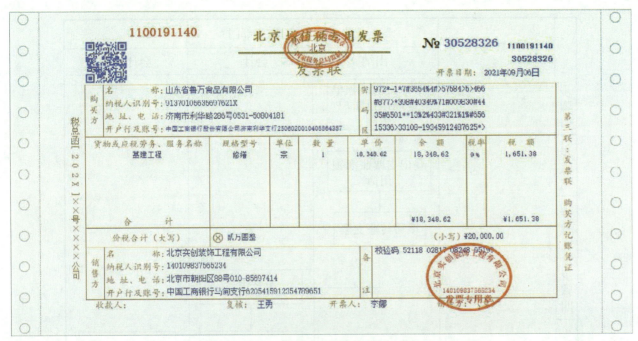

图 3-1-14 增值税专用发票（发票联）

知识准备

签发转账支票的注意事项：

（1）整张支票填写应准确无误，否则该支票作废；签发转账支票的同时，登记"支票领用登记簿"，通过支票领用登记簿上的连号登记就能监控到每一张支票的领用和使用情况。

（2）支票左下方的空白处加盖本单位的银行预留印鉴（一般是单位财务专用章及法人代表章）。

（3）已签发的转账支票遗失，银行不受理挂失，可请求收款人共同防范。但是已签发的现金支票遗失，可以向银行申请挂失，挂失前已经支付的，银行不予受理。

（4）转账支票可以根据需要在票据交换区域内背书转让，背书是指在票据背面记载有关事项并签章的票据行为。

任务实施

出纳员李小玲完成办理转账支票付款业务流程如图 3-1-15 所示。

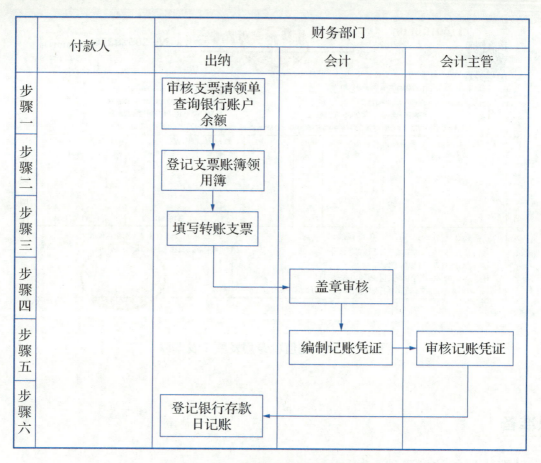

图 3-1-15　转账支票付款业务流程

步骤一： 审核支票请领单，查询银行余额。

出纳员审核由持票人填制的支票请领单，并查询企业基本账户的存款余额，以防止签发空头支票，如表 3-1-5 所示。在确定银行存款余额大于拟转账的金额时才可签发转账支票。

表 3-1-5　山东省鲁万食品有限公司支票领取申请表

收款单位	北京实创装饰工程有限公司		
支票用途	支付仓库修缮款	支票号码	56369901
支票金额	人民币（大写）：贰万元整 ¥20 000.00		
备注		领导审批	陈志华

步骤二： 登记转账支票领用簿。

转账支票使用前应先将转账支票的基础信息登记在支票领用登记簿上，如图 3-1-16 所示。

图 3-1-16　转账支票领用登记簿

步骤三：填写转账支票。

转账支票的填写同现金支票一样，要求严格。转账支票由支票正联和存根联组成，各个部分信息的填写方法和要求各不相同，如图 3-1-17 所示。

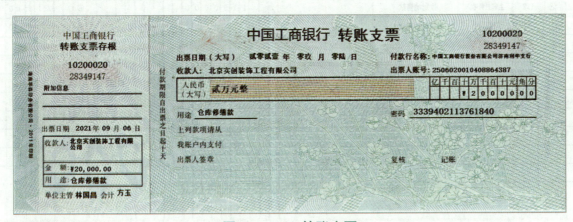

图 3-1-17　转账支票

🔄 **知识链接**

支票可以用手写的方式进行填写，也可以用支票打印机打印，填写务必规范完整。

步骤四：盖章审批。

转账支票填写完毕，在转账支票正联上加盖财务专用章和法人代表章，如图 3-1-18 所示。将支票正联交给领票人，留存支票存根联。

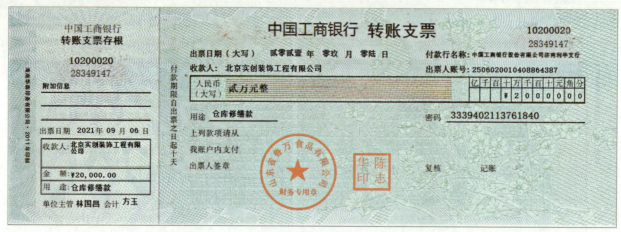

图 3-1-18　加盖银行预留印鉴的转账支票

步骤五：编制记账凭证。

出纳员将发票和支票存根交由会计编制记账凭证。会计主管对记账凭证进行审核。

步骤六：登记银行日记账。

出纳员根据会计主管审核通过的记账凭证登记银行存款日记账，如图 3-1-19 所示。

开户行：	中国工商银行股份有限公司济南利华支行
账号：	25060200104088864387

银行存款日记账

2021 年		记账凭证		对方科目	摘要	结算凭证		借方	贷方	借或贷	余额
月	日	字	号			种类	号码	千百十万千百十元角分	千百十万千百十元角分		千百十万千百十元角分
09	01				期初余额					借	2 0 0 0 0 0 0 0
09	05	记	112	主营业务收入	收到销售款			1 1 3 0 0 0 0		借	2 1 1 3 0 0 0 0
09	06	记	113	在建工程	支付修缮款				2 0 0 0 0 0 0 0	借	1 9 1 3 0 0 0 0

图 3-1-19　银行存款日记账

任务 3.2　电汇

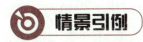

情景引例

　　会计主管告诉出纳员李小玲："小李，中午之前要把青岛供应商的货款打过去，不然下午没办法发货。"李小玲疑惑地问："主管，现在都九点多了，这么短的时间用什么结算方式？"主管告诉李小玲："你去写一张电汇单，电汇结算用于异地付款最快2小时就能到账，中午之前对方就能收到款了。"李小玲感叹道："原来电汇结算这么方便、快捷。"

知识准备

　　企业日常支付异地款项，最常用的结算方式是电汇。电汇（Telegraphic Transfer）是汇款人将一定款项交存汇款银行，汇款银行通过电报或电传给目的地的分行或代理行（汇入行），指示汇入行向收款人支付一定金额的一种汇款方式。电汇是出纳员日常工作中比较常见的业务之一。

　　常见的电汇方式有：SWIFT，电传（TELEX），电报（CABLE，TELEGRAM）等。电汇以电报、电传和 SWIFT 作为结算工具，由于电报电传的传递方向与资金的流向是相同的，因此电汇属于顺汇。电汇具有安全性高、结算快捷等特点，但汇款人成本费用较高，不能转让。

一、电汇的适用范围

　　（1）电汇适用于同城和异地的各种款项的结算。它对于异地上下级单位之间的资金调剂、清理旧欠以及往来款项的结算等都十分方便。

　　（2）电汇广泛地用于先汇款后发货的交易结算方式。如果销货单位对购货单位的资信情况缺乏了解或者商品较为紧俏的情况下，可以让购货单位先汇款，等收到货款后再发货，以免收不回货款。

　　（3）电汇除了适用于单位之间的款项划拨外，也可用于单位对个人支付有关款项，如退休金、医药费、劳务费、稿酬等，还可用于个人对异地单位支付有关款项，如邮购商品、书刊等。

　　（4）紧急情况下或者金额较大时适用。

二、电汇的基本规定

（1）电汇没有金额起点的限制；

（2）收款人需要在汇入行支取现金的，应在电汇凭证"汇款金额"大写栏，先填写"现金"字样，后填写汇款金额；

（3）收款人如果需要将汇款转到另一个地点，在收款人和用途不变的前提下，应到汇入行重新办理汇款手续，汇入行在电汇凭证上加盖"转汇"戳记；

（4）有关撤销和退汇的规定：

①汇款人对汇出行尚未汇出的款项可以申请撤销；

②汇款人对汇出行已经汇出的款项可以申请退汇；

③汇入银行对于收款人拒绝接受的汇款，应立即办理退汇；

④汇入银行对于向收款人发出收款通知2个月后仍无法交付的汇款，应主动办理退汇。

子任务 3.2.1　电汇收款业务

任务描述

2021年9月6日，鲁万公司出纳员李小玲收到银行转来的电汇收账通知，收到山东泰华有限公司欠款35 100元，开户行：中国工商银行新华支行，账号：234021204004997，汇入地点：山东省潍坊市。出纳员李小玲根据收到的电汇凭证，如图3-2-1所示，需要完成以下任务：

1. 审核电汇凭证；

2. 登记银行存款日记账。

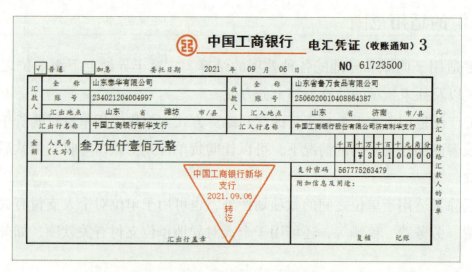

图 3-2-1　电汇凭证（收账通知）

知识准备

收款人领取汇款的规定：

（1）收款人已在银行开立存款账户的，汇入银行会将款项直接转入该企业账户，并向其发出电汇回单。对银行转来的电汇凭证需要认真审核以下内容：

①收款人是否为本单位；

②名称和账号是否与本单位一致；

③汇款金额是否与应收金额一致；

④汇款用途是否正确；

⑤汇入行是否加盖银行印鉴。

（2）收款人未在银行开立存款账户的，凭电汇的取款通知或注明"留行待取"字样的电汇凭证，向汇入行支取款项时，必须执行如下操作：

①交验本人的身份证；

②电汇凭证上注明证件名称、号码及发证机关；

③在"收款人签章"处签名或盖章；

④留行待取的汇款，需要指定单位收款人领取汇款的，应注明收款人的单位名称。

（3）收款人需要转账支付时，应按照下列程序进行：

①由原收款人向银行填制支款凭证；

②由本人交验其身份证办理支付款项；

需要注意的是：该账户的款项只能转入单位或个体工商户的存款账户，严禁转入储蓄卡或信用卡账户。

（4）汇兑现金时，电汇凭证上必须有按规定填明的"现金"字样才能办理。具体遵循以下步骤：

①收款人向汇入行交身份证等有效证件和资金汇划补充凭证，汇入行审核无误后，一次性办理现金支付手续；

②未填明"现金"字样，需要支取现金的，由汇入银行按国家现金管理规定审查支付。

🔵 **知识链接**

留行待取的规定：汇款人将款项汇往异地需要派人领取的，办理汇款时，应在签发的汇兑凭证联的"收款人账号或地址栏"注明"留行待取"字样。

任务实施

出纳员李小玲完成办理电汇收款的业务流程如图 3-2-2 所示。

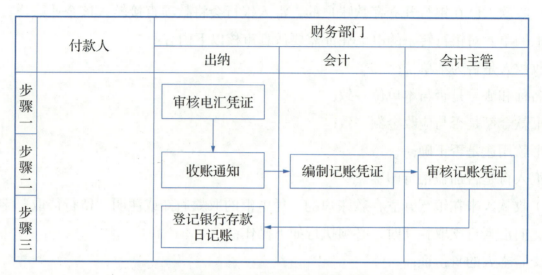

图 3-2-2　电汇收款业务流程图

步骤一：审核电汇凭证。

在银行开立存款账户的收款人，收到银行转来的电汇凭证时，出纳员要认真核对凭证上的相关内容，如图 3-2-3 所示。

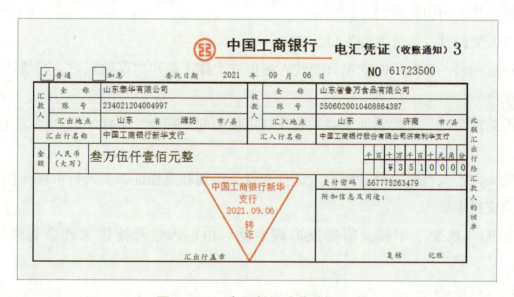

图 3-2-3　电汇凭证（收账通知）

步骤二：编制记账凭证。

经核对无误，出纳员将收到的电汇凭证收账通知交由会计编制记账凭证，并由会计主管对记账凭证进行审核。

步骤三： 登记银行存款日记账。

出纳员根据审核无误的记账凭证，序时登记银行存款日记账，如图 3-2-4 所示。记账凭证中记账栏画上记账符号"√"，并在记账凭证的下方加盖记账人名章。

银行存款日记账

开户行：	中国工商银行股份有限公司济南利华支行
账号：	250602001040886 4387

2021年 月	日	记账凭证 字	号	对方科目	摘要	结算凭证 种类	号码	借方 千百十万千百十元角分	贷方 千百十万千百十元角分	借或贷	余额 千百十万千百十元角分
09	01				期初余额					借	2 0 0 0 0 0 0 0
09	05	记	112	主营业务收入	收到销售款			1 1 3 0 0 0 0		借	2 1 1 3 0 0 0 0
09	06	记	113	在建工程	支付修缮费				2 0 0 0 0 0 0	借	1 9 1 3 0 0 0 0
09	06	记	114	应收账款	收到销货款			3 3 9 0 0 0 0		借	2 2 5 2 0 0 0 0

图 3-2-4　银行存款日记账

子任务 3.2.2　电汇付款业务

任务描述

2021 年 9 月 7 日，鲁万公司采用电汇结算方式向山东信和粮油有限公司采购面粉 800 袋，每袋 75 元，共计 60 000 元，取得增值税专用发票一张，如图 3-2-5 所示。出纳员李小玲需要完成以下任务：

1. 查询银行余额；

2. 填写电汇凭证；

3. 银行办理电汇付款并取回单。

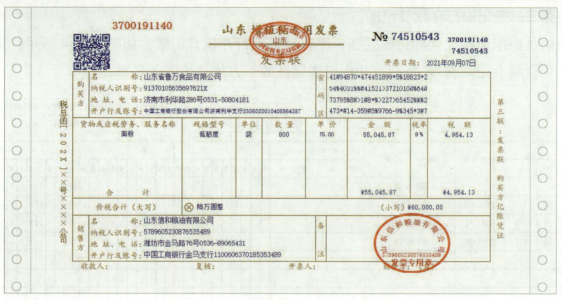

图 3-2-5　增值税专用发票（发票联）

知识准备

汇款单位以电汇方式办理汇款时，应填制一式三联的电汇凭证，并在第二联上加盖银行预留印鉴，提交给开户银行。签发电汇凭证应记载下列事项：

（1）必须记载的事项有：①表明"电汇"的字样；②无条件支付的委托；③确定的金额；④收款人名称；⑤汇款人名称；⑥汇入地点、汇入行名称和账号；⑦汇出地点、汇出行名称和账号；⑧委托日期；⑨汇款人签章。

（2）其他记载事项有：①电汇选择的方式：可以选择普通或加急；②附加信息及用途：可填可不填；③支付密码。

（3）汇款人和收款人都是单位时，应在银行开立存款账户，填制汇兑凭证时，必须记载单位的银行账号。

（4）委托日期是指汇款人向汇出银行提交汇兑凭证的当日，使用小写数字填写。

（5）大小写金额要一致，要符合中国人民银行规定的票据填写规范。

（6）若付款方设置了密码，则填写所设置的密码。

（7）填写需要说明的事项或汇款的用途。如支取现金、留行待取、分次支付、转汇等信息。

任务实施

出纳员李小玲完成办理电汇付款的业务流程如图 3-2-6 所示。

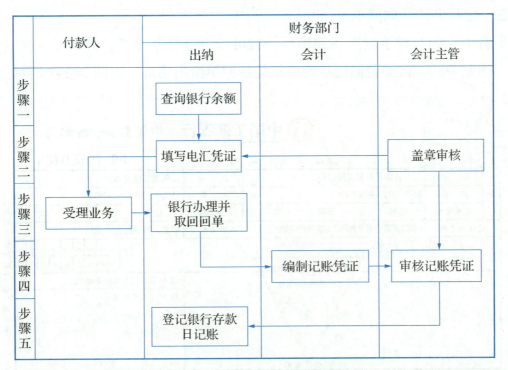

图 3-2-6   电汇付款业务流程图

步骤一： 查询存款余额。

出纳员在办理电汇业务前，先要查询银行的存款余额是否足够支付，如果余额不足，银行不予受理。

步骤二： 填写电汇凭证并审核盖章。

出纳员在使用电汇结算时，一定要先获得对方的开户银行信息和账号才能办理。出纳员填写完电汇凭证后，应交给相关人员审核并加盖银行预留印鉴，如图 3-2-7 所示。印鉴必须清晰，否则银行不予办理。

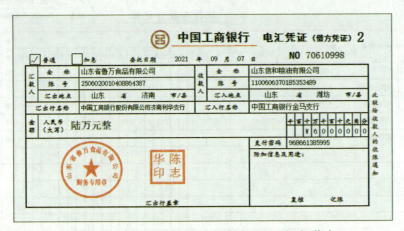

图 3-2-7   电汇凭证（加盖银行预留印鉴）

> 提示：
> 电汇凭证如果填写错误，只需直接撕毁丢弃，然后重新填写一份即可。

步骤三：银行办理并取回单。

出纳员将电汇的办理手续准备完毕后，就可以去银行办理了。将单据与款项交予银行，银行受理完该业务后，将加盖银行章的电汇凭证回单给出纳员，如图3-2-8所示。

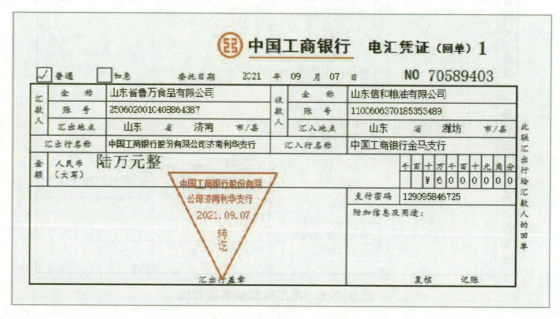

图3-2-8 电汇凭证（回单）

步骤四：编制记账凭证并审核。

出纳员将电汇凭证回单交由会计编制记账凭证，会计主管审核记账凭证。

步骤五：登记银行存款日记账。

出纳员根据审核无误的记账凭证，序时登记银行存款日记账，如图3-2-9所示。同时在记账凭证中记账栏画上记账符号"√"，并在记账凭证的下方加盖记账人名章。

银行存款日记账

开户行：中国工商银行股份有限公司济南利华支行
账号：2506020010408864387

2021年		记账凭证		对方科目	摘要	结算凭证		借方	贷方	借或贷	余额
月	日	字	号			种类	号码	千百十万千百十元角分	千百十万千百十元角分		千百十万千百十元角分
09	01				期初余额					借	2 0 0 0 0 0 0 0
09	05	记	112	主营业务收入	收到销售款			1 1 3 0 0 0 0		借	2 1 1 3 0 0 0 0
09	06	记	113	在建工程	支付修缮费				2 0 0 0 0 0 0	借	1 9 1 3 0 0 0 0
09	06	记	114	应收账款	收到销货款			3 3 9 0 0 0 0		借	2 2 5 2 0 0 0 0
09	07	记	115	应付账款	支付面粉采购款				6 0 0 0 0 0 0	借	1 6 5 2 0 0 0 0

图3-2-9 银行存款日记账

任务 3.3　银行本票

　情景引例

　　鲁万公司出纳员李小玲刚刚接手出纳工作，对业务还不是很熟悉。会计方玉平让李小玲用银行本票支付上月所欠济南云达材料有限公司款项。李小玲不太了解如何使用银行本票付款，因此她虚心地向方玉平请教了使用银行本票付款的流程及相关细节，并顺利地办理了业务。

知识准备

　　银行本票是申请人将款项交存银行，由银行签发的，承诺自己在见票时无条件支付确定金额给收款人或者持票人的票据。

一、银行本票的种类

　　银行本票按其金额是否固定可分为不定额和定额两种。

　　不定额银行本票是指凭证上金额栏是空白的，签发时根据实际需要填写金额（起点金额为 100 元），并用压数机压印金额的银行本票。不定额银行本票一式两联，第一联是卡片联，由出票行留存，结清本票时作借方凭证的附件；第二联为本票联，如图 3-3-1 所示，出票行结清本票时用作借方凭证。

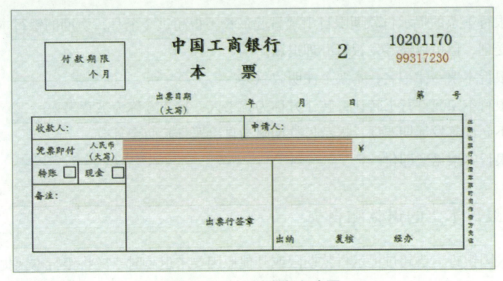

图 3-3-1　不定额银行本票

定额银行本票（一式一联）是指凭证上预先印有固定面额的银行本票。定额银行本票面额有 1 000 元、5 000 元、10 000 元和 50 000 元。

二、银行本票的适用范围

银行本票适用于单位和个人在同城范围内的商品交易、劳务供应以及其他款项间的结算。

银行本票可以用于转账，注明"现金"字样的银行本票可以用于支取现金，但是申请人或收款人为单位的，不得申请签发现金银行本票。

> 想一想：在同城范围内结算的方式除了银行本票结算方式外还有哪些结算方式？

三、银行本票的记载事项

（1）表明"银行本票"字样；

（2）无条件支付的承诺；

（3）确定的金额；

（4）收款人名称；

（5）出票日期；

（6）出票人签章。

欠缺上列记载事项之一的，银行本票无效。

四、银行本票结算的基本规定

（1）银行本票的提示付款期限自出票日起最长不得超过 2 个月，逾期的银行本票，兑付银行不予受理，但可以在签发银行办理退款；

（2）银行本票一律记名，本票上注明收款人；

（3）银行本票允许背书转让，转让方称为背书人，接收方称为被背书人；

（4）不允许签发远期票据，提示付款期限为自出票日起两个月；

（5）银行本票见票即付。

五、银行本票的退款和丧失

申请人因银行本票超过提示付款期限或其他原因要求退款时，应将银行本票提交到出票

银行。申请人为单位的，应出具该单位的证明；申请人为个人的，应出具本人的身份证件。出票银行对于在本行开立存款账户的申请人，只能将款项转入原申请人账户；对于现金银行本票和未在本行开立存款账户的申请人，才能退付现金。

　　银行本票丧失，失票人可以凭人民法院出具的其享有票据权利的证明，向出票银行请求付款或退款。

子任务 3.3.1　银行本票收款业务

任务描述

　　2021 年 9 月 12 日，鲁万公司销售给济南市佳美贸易有限公司一批材料，货款 36 000 元。佳美公司开具了一张银行本票用于支付货款，如图 3-3-2 所示。鲁万公司销售员赵林峰立刻将收到的银行本票送交财务部。出纳员李小玲拿着赵林峰送来的银行本票到银行办理进账。出纳员李小玲应完成如下任务：

　　1. 审核收到的银行本票；

　　2. 填写银行进账单；

　　3. 根据银行本票收款业务，登记银行存款日记账。

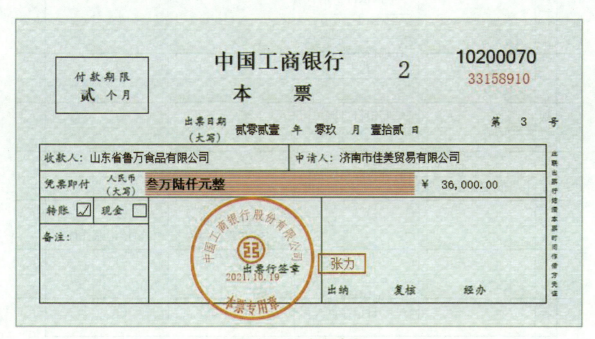

图 3-3-2　银行本票

知识准备

出纳员收到银行本票后，审核本票的内容，填写进账单，办理收款业务。

出纳员审核的内容包括：

（1）银行本票上的收款单位或被背书人是否为本单位、背书是否连续；

（2）银行本票上加盖的本票专用章是否清晰，大小写出票金额是否一致；

（3）银行本票是否在付款期限内；

（4）银行本票上的各项内容是否符合规定；

（5）必须记载的事项是否齐全。

任务实施

出纳员李小玲完成银行本票收款业务流程如图 3-3-3 所示。

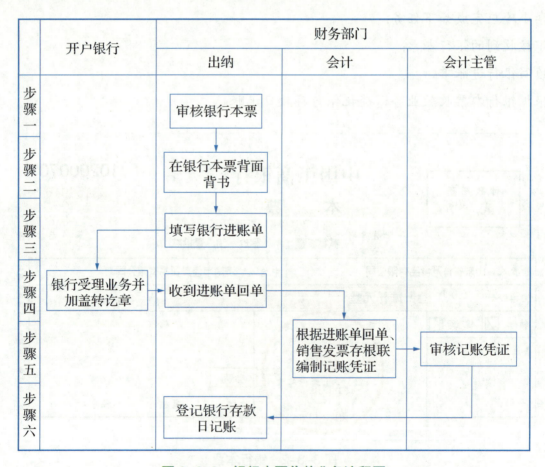

图 3-3-3　银行本票收款业务流程图

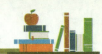

步骤一：审核银行本票。

出纳员审核收到的银行本票所记载的收款单位或被背书人名称、印鉴、金额以及付款期限等内容是否完整、准确。

步骤二：提示付款。

出纳员向银行提示付款，需在银行本票背面的“持票人向银行提示付款签章”处加盖银行预留印鉴，如图 3-3-4 所示。

被背书人	被背书人
背书人签章 年　月　日	背书人签章 年　月　日
持票人向银行 提示付款签章：山东省鲁万食品有限公司 财务专用章　陈志华印	身份证件名称：　发证机关： 号码

（粘贴单处）

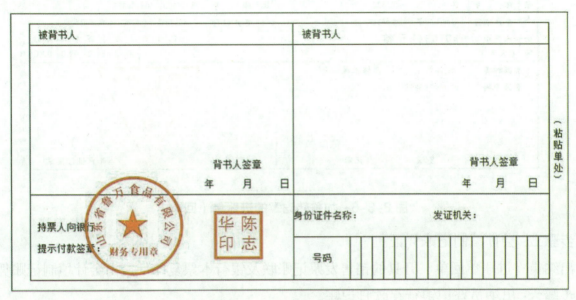

图 3-3-4　银行本票背书

步骤三：填写进账单。

出纳员填制银行进账单，保留一份银行本票复印件，如图 3-3-5 所示。

中国工商银行　进账单（回　单）　1

2021 年 09 月 12 日　№ 74938224

出票人	全　称	济南市佳美贸易有限公司	收款人	全　称	山东省鲁万食品有限公司
	账　号	1030110125456462586		账　号	25060200104088 64387
	开户银行	中国工商银行经十路支行		开户银行	中国工商银行股份有限公司济南利华支行
金额	人民币（大写）	叁万陆仟元整		亿千百十万千百十元角分	¥3600000
票据种类	银行本票	票据张数	壹张		
票据号码	1020007033158910				
复核　记账				开户银行签章	

此联是开户银行交给持（出）票人的回单

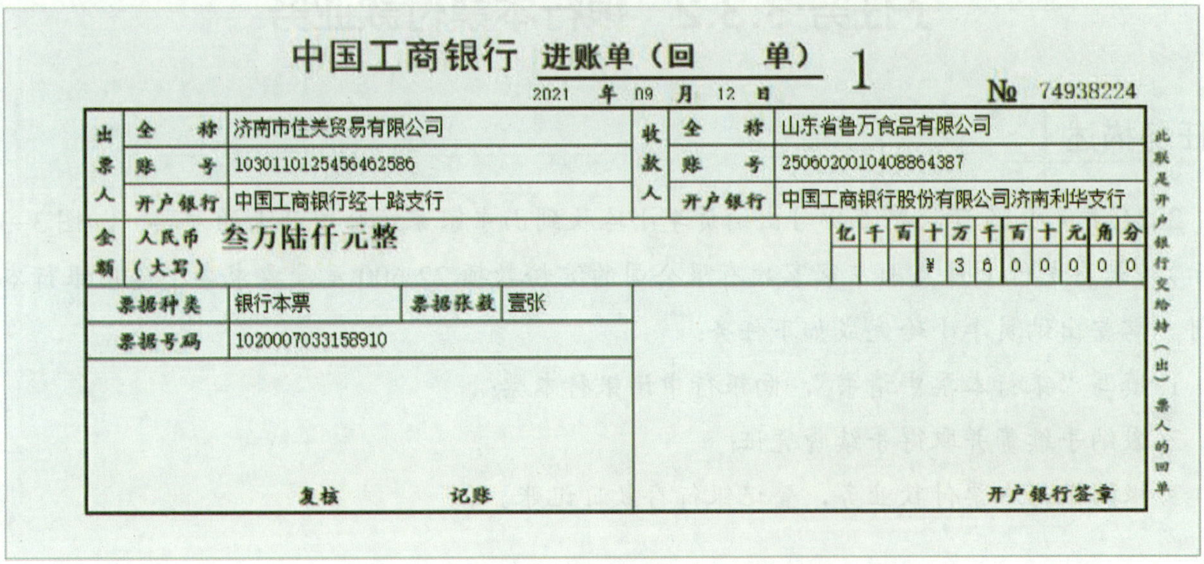

图 3-3-5　进账单

步骤四： 出纳员去银行办理进账。

出纳员将银行本票连同进账单一并送交银行办理。银行受理后，将加盖银行转讫章的进账单回单交给出纳员，如图3-3-6所示。

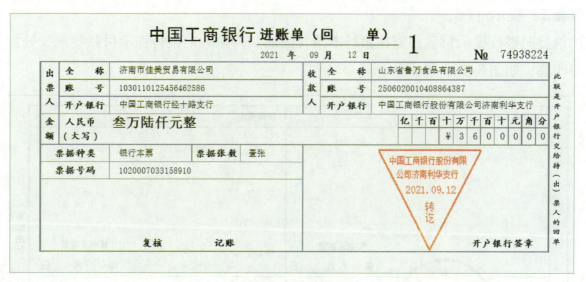

图3-3-6　加盖转讫章的进账单（回单）

步骤五： 会计编制记账凭证。

出纳员将进账单回单、开具的销售发票记账联及银行本票复印件交由会计填制记账凭证。

步骤六： 出纳员登记银行存款日记账。

出纳员根据审核无误的记账凭证登记银行存款日记账。

子任务 3.3.2　银行本票付款业务

任务描述

2021年9月16日，鲁万公司出纳员李小玲收到山东家家欢公司开来的发票（如图3-3-7所示），需要支付上月欠山东家家欢有限公司的淀粉款项22 600元，要求李小玲用银行本票支付。需要出纳员李小玲完成如下任务：

1. 填写"银行本票申请书"，向银行申请银行本票；

2. 缴纳手续费并取得手续费凭证；

3. 根据银行本票付款业务，登记银行存款日记账。

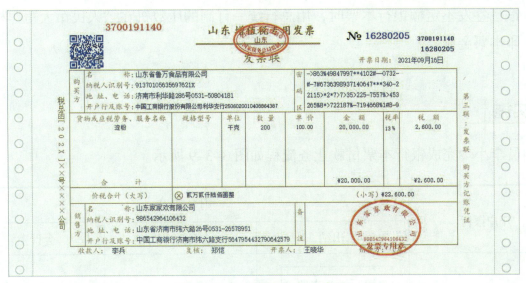

图 3-3-7　增值税专用发票

知识准备

使用银行本票付款时应注意的问题：

（1）企业不能申请使用现金银行本票，个人需要支取现金的，在银行本票上画去"转账"字样，加盖印章；

（2）付款单位使用银行本票办理结算时，应向银行填写一式三联"银行本票申请书"，第一联是汇款人留存联，第二联是出票行作借方凭证，第三联是客户回单联，如图 3-3-8 所示。申请书需填写申请人名称、收款人名称、支付金额、申请日期等事项。如已在签发银行开立账户的，应在"银行本票申请书"第二联上加盖预留银行印鉴；

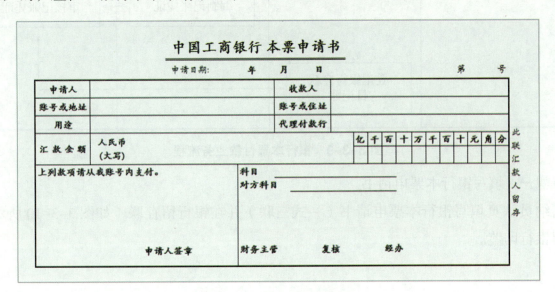

图 3-3-8　银行本票申请书

（3）银行签发不定额银行本票时，用总行统一订制的压数机在"人民币大写"栏大写金额后端压印本票金额。

任务实施

出纳员李小玲完成银行本票付款业务流程如图 3-3-9 所示。

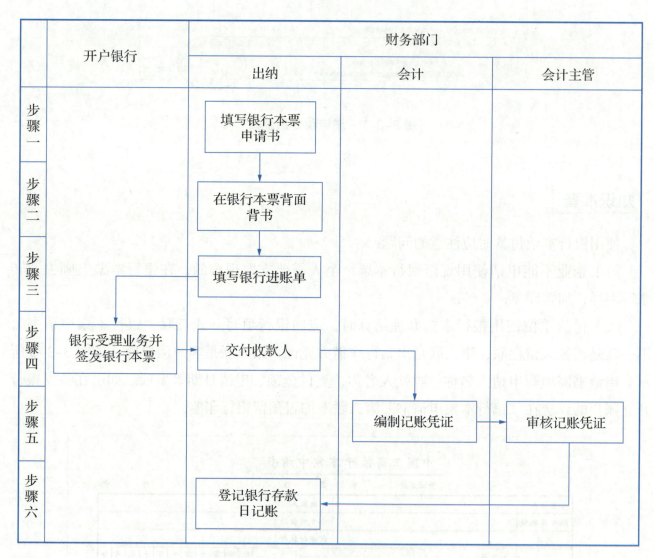

图 3-3-9　银行本票付款业务流程

步骤一：填写银行本票申请书。

出纳员认真填写银行本票申请书（一式三联）并在银行留存联（如图 3-3-10 所示）加盖预留银行印鉴。

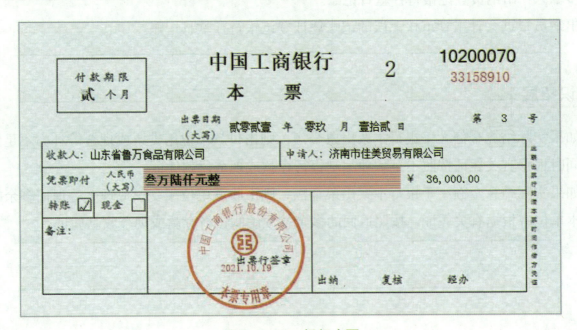

图 3-3-10 银行本票申请书

步骤二： 银行受理业务。

出纳员将银行本票申请书及款项交存银行。

步骤三： 银行签发银行本票。

银行审核无误后签发银行本票，银行在本票正联上加盖"本票专用章"和银行柜员私章，将银行本票以及银行本票申请书第一联交给出纳员，如图 3-3-11、图 3-3-12 所示。

图 3-3-11 银行本票

中国工商银行 本票申请书

申请日期： 2021 年 09 月 16 日　　　　第 3 号

申请人	山东省鲁万食品有限公司	收款人	山东家家欢有限公司
账号或地址	2506020010408864387	账号或住址	6530110122223460096
用途	支付货款	代理付款行	中国工商银行济南利华支行
汇款金额	人民币（大写） 贰万贰仟陆佰元整	亿 千 百 十 万 千 百 十 元 角 分	¥ 2 2 6 0 0 0 0
上列款项请从我账号内支付。 申请人签章		科目 对方科目 财务主管 复核 经办	中国工商银行济南利华支行 2021.09.16 票据受理专用章

此联汇款人留存

图 3-3-12 加盖业务受理章的银行本票申请书第一联

步骤四： 交付收款人。

出纳员将银行签发的银行本票第二联本票联交给收款人。

步骤五： 会计编制记账凭证。

会计根据银行本票申请书第一联汇款人留存联为依据编制记账凭证。

步骤六： 出纳员登记银行存款日记账。

出纳员根据会计主管审核无误的记账凭证登记银行存款日记账。

知识拓展

如果实际结算金额大于银行本票出票金额，则由付款单位用支票或现金等补齐不足的款项，同时根据有关凭证按照不足款项编制银行存款或现金付款凭证。

如果实际结算金额小于银行本票出票金额，则由收款单位用支票或现金等退回多余的款项，本单位应根据有关凭证，按照退回的多余款项编制银行存款或现金收款凭证。

任务 3.4　银行汇票

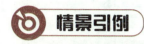

　　鲁万公司业务员赵林峰交来一张华祥有限公司的银行汇票，用于偿还上月购买材料的货款。出纳员李小玲将汇票送存银行，但被告知这是一张过期的银行汇票，不能办理收款。李小玲感到自己知识的欠缺，她认真地向银行工作人员请教银行汇票的有关知识，初步掌握银行汇票业务的办理流程以及需要注意的细节。

知识准备

　　银行汇票是由出票银行签发的，在见票时按照实际结算金额无条件支付给收款人或者持票人的票据。银行汇票具有适用范围广，信用度高，使用灵活，结算准确，余款自动退回等特点。

　　银行汇票一式四联，第一联为卡片联，是出票银行结清汇票时作汇出款项的借方凭证，如图 3-4-1 所示；第二联为银行汇票联，为代理付款行付款后作联行往来账借方凭证的附件，与第三联解讫通知一并交由汇款人自带，如图 3-4-2 所示；第三联为解讫通知联，在兑付行兑付后随报单寄给出票行，由出票行作多余款项退还业务的贷方凭证，如图 3-4-3 所示；第四联为多余款收账通知联，是出票行结清多余款后交给申请人做账的依据，同第二联一样，需加盖银行转讫章。

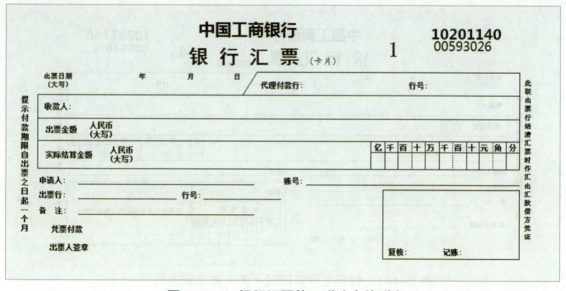

图 3-4-1　银行汇票第一联（卡片联）

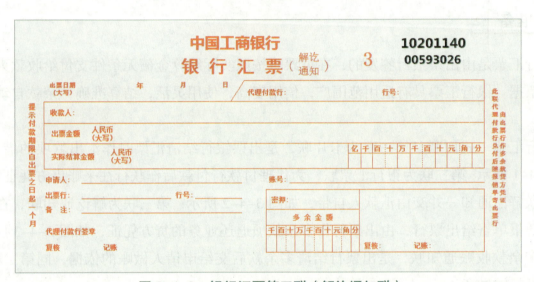

图 3-4-2 银行汇票第二联（汇票联）

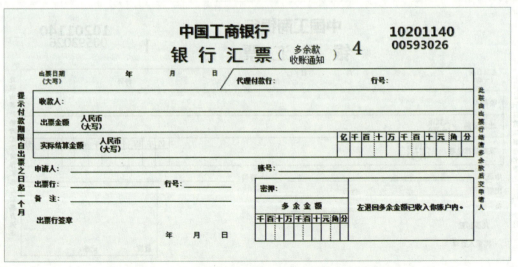

图 3-4-3 银行汇票第三联（解讫通知联）

图 3-4-4 银行汇票第四联（多余款收账通知联）

一、银行汇票的适用范围

单位和个人向异地或同城支付各种款项的结算，均可使用银行汇票；银行汇票可以用于转账，注明"现金"字样的银行汇票也可用于支取现金，但是用于支取现金的申请人或付款人必须是个人，企业不能申请使用注明"现金"字样的银行汇票；银行汇票使用方便灵活、兑付性强。

二、银行汇票的记载事项

（1）表明"银行汇票"的字样；

（2）无条件支付的承诺；

（3）出票金额；

（4）付款人名称；

（5）收款人名称；

（6）出票日期；

（7）出票人签章。

欠缺上列记载事项之一的，银行汇票无效。

三、银行汇票结算的基本规定

（1）银行汇票一律记名。记名是指在汇票中指定某一特定人为收款人，其他任何人都无权领款；但如果指定收款人以背书方式将领款权转让给其指定的收款人，其指定的收款人就有领款权。

（2）银行汇票的基本当事人包括出票人、收款人和付款人。出票人即签发银行；付款人为银行汇票的出票银行，银行汇票的付款地为代理付款人或出票人所在地；收款人为从银行提取汇票所汇款项的单位或个人，收款人可以是汇款人，也可以是与汇款人有商品交易往来或汇款人要与之办理结算的人。

（3）银行汇票的出票人在票据上签章，应为经中国人民银行批准使用的该银行汇票专用章加其法定代表人或其授权经办人的签名或者盖章。

（4）银行汇票无起点金额限制，银行汇票的提示付款期限自出票日起一个月内。持票人超过付款期限提示付款的，代理付款人（银行）不予受理。

（5）银行汇票可以背书转让，但填明"现金"字样的银行汇票不得背书转让。银行汇票的背书转让以不超过出票金额的实际结算金额为准。未填写实际结算金额或实际结算金额超过出票金额的银行汇票不得背书转让。

（6）银行汇票丧失，失票人可以凭人民法院出具的其享有票据权利的证明，向出票银行请求付款或退款。如果是现金银行汇票丢失，汇款人可向银行办理挂失，填明收款单位和个人，银行可以挂失支付。

子任务 3.4.1　银行汇票收款业务

任务描述

2021 年 9 月 18 日，鲁万公司销售员赵林峰收到广州市金通贸易公司交来的银行汇票和解讫通知（如图 3-4-5、图 3-4-6 所示），用来偿还上月所欠的 30 000 元货款，汇票金额为32 000 元。赵林峰收到银行汇票随即交给了出纳员李小玲。出纳员李小玲需完成以下任务：

1. 审核收到的银行汇票；

2. 填写银行进账单；

3. 根据银行汇票收款业务，登记银行存款日记账。

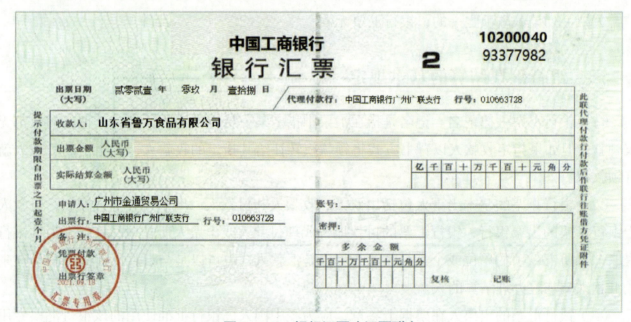

图 3-4-5　银行汇票（汇票联）

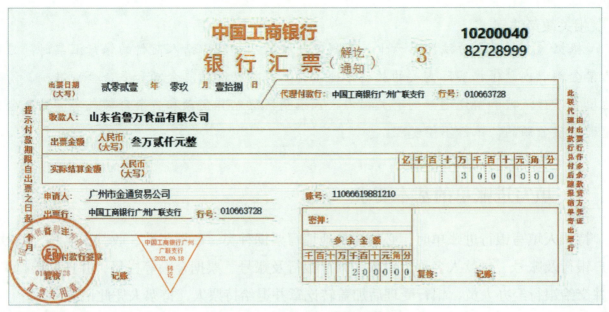

图3-4-6　银行汇票（解讫通知联）

知识准备

出纳员收到银行汇票后，审核汇票的内容，填写汇票实际结算金额以及进账单，办理收款业务。

一、银行汇票的审核内容

（1）收款人或被背书人是否确为本单位；

（2）银行汇票是否在付款期内，日期、金额等填写是否准确无误；

（3）印章是否清晰，压数机压印的金额是否清晰；

（4）银行汇票和解讫通知是否齐全、相符；

（5）汇款人或背书人的证明或证件是否无误，背书人证件上的姓名与其背书是否相符；

（6）应记载的事项是否齐全。

二、填写银行汇票结算金额时应注意的问题

（1）在出票金额以内，根据实际需要的款项办理结算，将实际结算金额和多余金额准确、清晰地填入银行汇票解讫通知的有关栏内，未填明实际结算金额和多余金额的，银行不予受理；

（2）全额解付的银行汇票，应在"多余金额"栏填"0"。

相关政策法规

根据《支付结算办法》第六十一条规定，收款人受理申请人交付的银行汇票时，应在出票金额以内，根据实际需要的款项办理结算，并将实际结算金额和多余金额准确、清晰地填入银行汇票和解讫通知的有关栏内。未填明实际结算金额和多余金额或实际结算金额超过出票金额的，银行不予受理。

三、填写进账单的基本要求

持票人填写银行进账单时，必须清楚地填写票据种类、票据张数、收款人名称、收款人开户银行及账号、付款人名称、付款人开户银行及账号、票据金额等栏目，并连同银行汇票一并交给银行经办人员，银行受理后加盖转讫章并退给持票人，持票人凭此记账。

任务实施

出纳员李小玲完成银行汇票收款业务流程如图3-4-7所示。

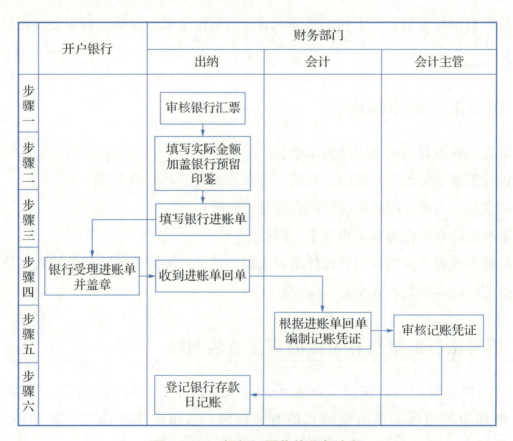

图3-4-7　银行汇票收款业务流程

步骤一： 审核银行汇票。

出纳员审核收到的银行汇票收款人或被背书人名称、付款期限、金额以及印鉴等内容是否完整、准确。

步骤二： 出纳员去银行办理进账。

出纳员填制银行进账单（图 3-4-8），并将填制好的进账单及银行汇票送交银行办理入账。

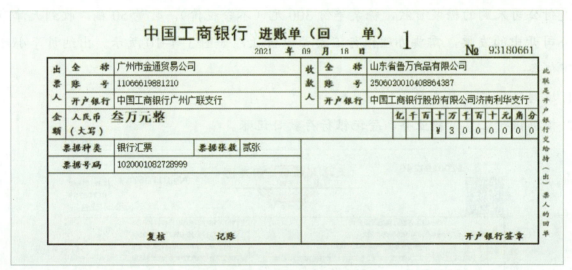

图 3-4-8 填写银行进账单

步骤三： 银行受理业务。

银行受理后，将盖章后的进账单回单联（图 3-4-9）交还给出纳员。

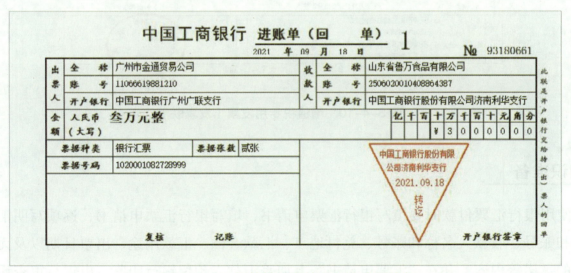

图 3-4-9 加盖转讫章的进账单（回单）

步骤四： 会计编制记账凭证。

出纳员将加盖银行转讫章的进账单回单、银行汇票复印件交由会计编制记账凭证。

步骤五： 出纳员登记银行存款日记账。

出纳员根据会计主管审核后的记账凭证登记银行存款日记账。

子任务 3.4.2　银行汇票付款业务

● 任务描述

2021年9月22日，鲁万公司采购员苏波告知出纳员李小玲，天津市彩霞糖果有限公司要求支付公司采购的糖浆货款，糖浆单价300元（不含税价），数量50桶，收到天津市彩霞糖果公司开出的发票，需要办理银行汇票予以付款，如图3-4-10所示。出纳员李小玲需完成以下任务：

1. 填写银行汇票申请书；

2. 根据银行汇票付款业务，登记银行存款日记账。

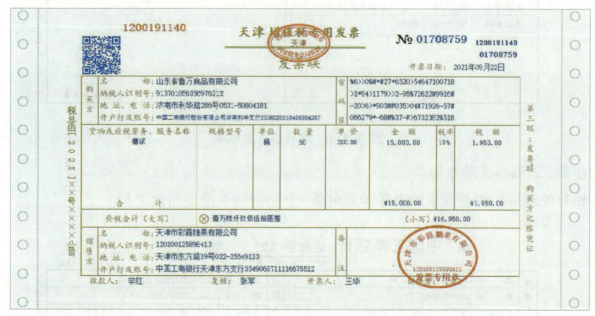

图 3-4-10　增值税专用发票（发票联）

● 知识准备

使用银行汇票付款时要填写银行汇票申请书，填写银行汇票申请书，逐项写明汇款人名称和账号、收款人名称和账号、兑付地点、汇款金额、汇款用途、出票日期以及无条件支付的承诺等内容，并在"汇票申请书"上加盖汇款人预留银行印鉴，由银行审查后签发银行汇票。

● 任务实施

出纳员李小玲完成银行汇票付款业务流程如图3-4-11所示。

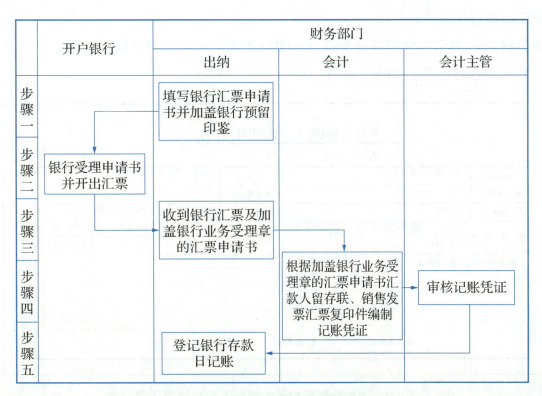

图 3-4-11　银行汇票付款业务处理流程

步骤一：填写银行汇票申请书。

出纳员到本单位开户银行申请银行汇票，填写汇票申请书（一式三联）并在申请书银行留存联加盖银行预留印鉴，如图 3-4-12 所示。

中国工商银行　汇票申请书			
申请日期：2021 年 09 月 22 日			第 7 号

申请人	山东省鲁万食品有限公司	收款人	天津市彩霞糖果有限公司
账号或地址	250602001004088864387	账号或住址	3549089711116675532
用途	支付货款	代理付款行	中国工商银行股份有限公司济南利华支行

汇款金额	人民币（大写）壹万陆仟玖佰伍拾元整	亿	千	百	十	万	千	百	十	元	角	分
					¥	1	6	9	5	0	0	0

上列款项请从我账号内支付。

科目 _____
对方科目 _____

申请人签章　　财务主管　　复核　　经办

此联汇款人留存

图 3-4-12　银行汇票申请书

步骤二: 银行受理业务。

出纳员将填好的汇票申请书交予银行,银行受理后,在银行汇票申请书第一联加盖业务受理章,并签发银行汇票,如图3-4-13所示。

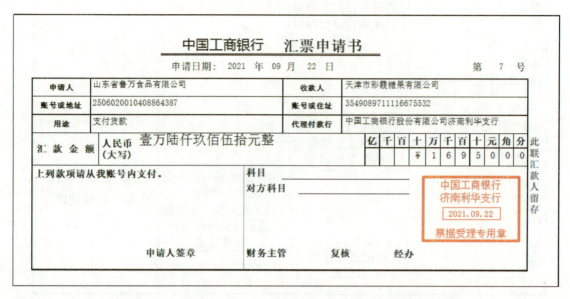

图3-4-13 加盖业务受理章的银行汇票申请书(第一联)

步骤三: 出纳员收到银行汇票及申请书。

银行将第二联汇票联和第四联多余款项收款通知联连同加盖转讫章的申请书第一联交给出纳员,如图3-4-14、图3-4-15所示。

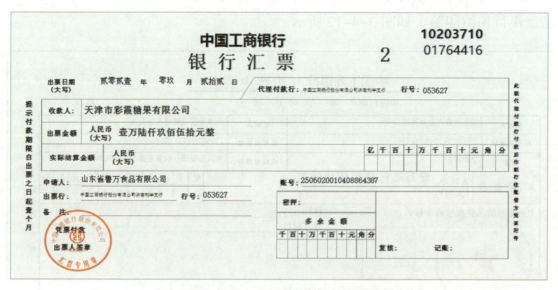

图3-4-14 银行汇票(汇票联)

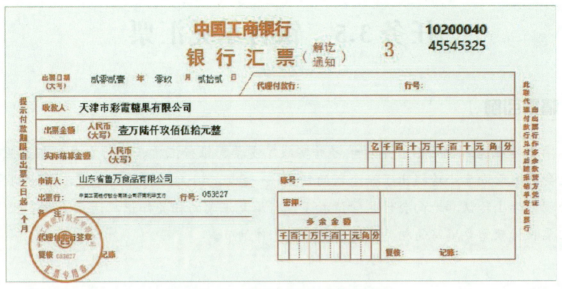

图 3-4-15　银行汇票（解讫通知联）

步骤四： 会计编制记账凭证。

出纳员将银行汇票第二联及第四联交付收款人，并将加盖银行业务受理章的银行汇票申请书存根联和银行汇票复印件交由会计填制记账凭证。

步骤五： 出纳员登记银行存款日记账。

出纳员根据会计主管审核无误的记账凭证登记银行存款日记账。

知识拓展

银行汇票与银行本票的相同点与不同点如表 3-4-1 所示。

表 3-4-1　银行汇票与银行本票的相同点与不同点

	银行本票	银行汇票
不同点	1. 概念：银行本票是银行签发，承诺自己在见票时无条件支付确定金额给收款人或持票人的票据	1. 概念：银行汇票是指银行签发的汇票，一般由汇款人将款项交存当地银行，由银行签发给汇款人持往异地办理转账结算或支取现金
	2. 当事人：出票人、收款人	2. 当事人：出票人、收款人、付款人
	3. 提示付款期限：2 个月	3. 提示付款期限：1 个月
	4. 起点金额：100 元	4. 起点金额：无限制
相同点	1. 都是银行结算方式； 2. 即可用于转账，也可用于支取现金； 3. 单位和个人都可使用，但是单位不得使用注明"现金"字样的银行本票和汇票； 4. 本票和汇票一律记名； 5. 都可背书转让	

任务 3.5　银行承兑汇票

情景引例

　　李小玲在进入公司后，先后学习并实践了支票、银行汇票、银行本票的相关业务。今天会计主管向李小玲提出了一个新的任务——要求李小玲学习银行承兑汇票的相关业务处理。李小玲认真地向会计主管请教了银行承兑汇票的相关知识，认真学习了银行承兑汇票收付款需要填写的相关单据及每一个工作细节。

知识准备

　　银行承兑汇票是商业汇票的一种。银行承兑汇票是由收款人或承兑申请人签发，并由承兑申请人向开户银行申请，经银行审查同意承兑的票据。

一、银行承兑汇票概述

　　银行承兑汇票由收款人或承兑申请人签发后，承兑申请人应向开户银行申请承兑，银行按照规定审查，符合条件的，即与承兑申请人签订承兑协议，并在汇票上签章。银行承兑汇票最长期限为六个月，在票据期限内可以进行背书转让。

职业判断：
　　银行承兑汇票进行背书转让的，必须就其全部金额进行背书转让。

签发银行承兑汇票必须记载下列事项：

（1）表明"银行承兑汇票"的字样；

（2）无条件支付的委托；

（3）确定的金额；

（4）付款人名称；

（5）收款人名称；

（6）出票日期；

（7）出票人签章。

欠缺记载上述规定事项之一的，银行承兑汇票无效。

银行承兑汇票的出票人必须具备下列条件：

（1）在承兑银行开立存款账户的法人以及其他组织；

（2）与承兑银行具有真实的委托付款关系；

（3）资信状况良好，具有支付汇票金额的可靠资金来源。

银行承兑汇票一式三联，第一联为卡片联，由承兑人留存，如图3-5-1所示；第二联为汇票联，由收款人开户银行随结算凭证寄付款人开户银行作付出传票附件，如图3-5-2所示；第三联为存根联，由出票人留存，如图3-5-3所示。

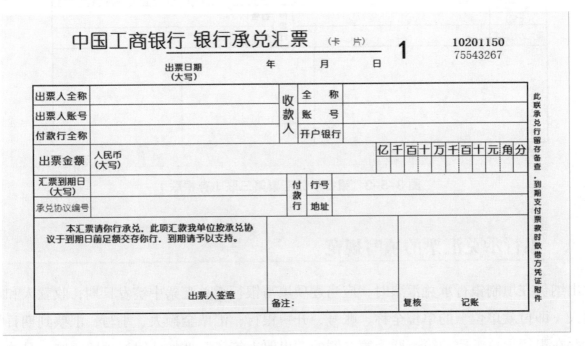

图 3-5-1 银行承兑汇票第一联（卡片联）

图 3-5-2 银行承兑汇票第二联（汇票联）

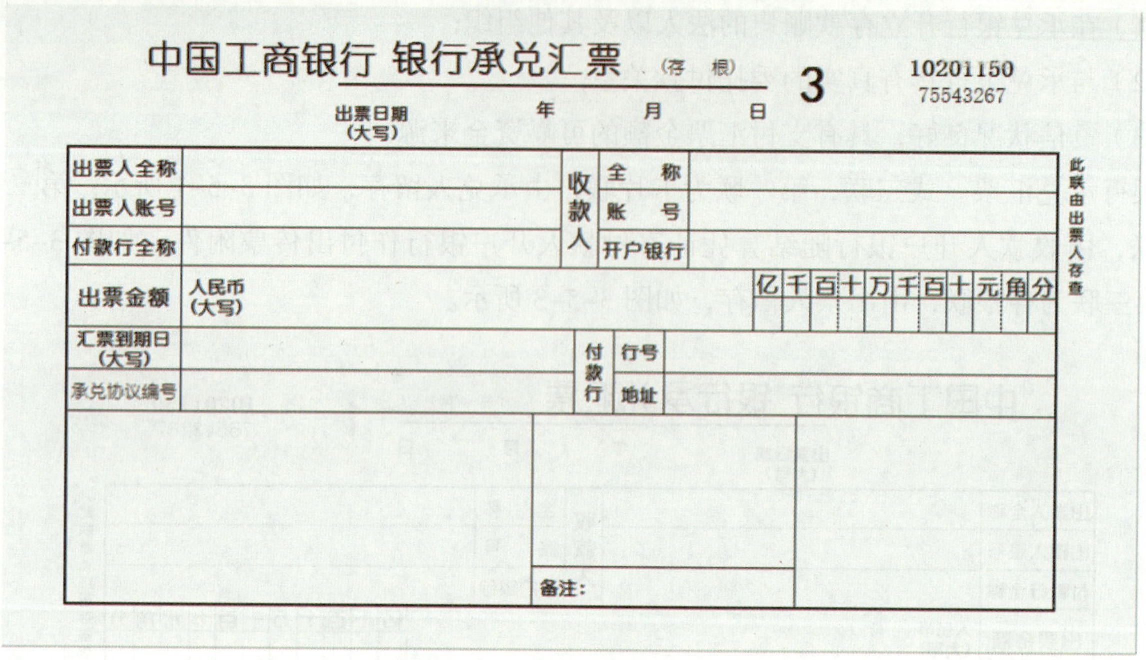
中国工商银行 银行承兑汇票（存 根） 3 10201150 75543267

出票日期（大写） 年 月 日

出票人全称		收款人	全 称	
出票人账号			账 号	
付款行全称			开户银行	
出票金额	人民币（大写）			亿 千 百 十 万 千 百 十 元 角 分
汇票到期日（大写）		付款行	行号	
承兑协议编号			地址	

备注：

此联由出票人存查

图 3-5-3 银行承兑汇票第三联（存根联）

二、银行承兑汇票的填写规范

出纳员在填制银行承兑汇票时，应当逐项填写银行承兑汇票中签发日期，收款人和承兑申请人（即付款单位）的单位全称、账号、开户银行，汇票金额大、小写，汇票到期日等内容，并在银行承兑汇票的第一联、第二联的“出票人签章”处加盖银行预留印鉴。具体各项目规范要求如表 3-5-1 所示。

表 3-5-1 银行承兑汇票填写规范表

票据项目	填写规范
出票日期	1. 出票日期必须用汉字大写数字：零、壹、贰、叁、肆、伍、陆、柒、捌、玖、拾； 2. 在填写月、日时，月为壹、贰和壹拾的，日为壹至玖和壹拾、贰拾和叁拾的，应在其前加“零”； 3. 月为拾壹月、拾贰月，日为拾壹至拾玖的，应在其前面加“壹”
出票人全称 出票人账号 付款行名称	1. 填写出票人全称，否则银行不予受理； 2. 付款行名称、出票人账号为出票单位开户银行名称及银行账号； 3. 付款行名称、出票人账号要填写完全准确，错字或者漏字都会导致银行拒绝接收票据
收款人全称 收款人账号 开户银行	1. 填写收款人全称，否则银行不予受理； 2. 收款行名称、收款人账号为收款单位开户银行名称及银行账号； 3. 收款行名称、收款人账号要填写完全准确，错字或者漏字都会导致银行拒绝接收票据

票据项目	填写规范
出票金额	1. 出票金额分为大写金额和小写金额; 2. 大小写金额必须严格按照书写规范填写,且字迹要清晰,大小写金额要相符; 3. 大写金额数字到元或角为止的,在"元"或者"角"字之后应写"整"或者"正"字,金额到分为止的,分字后不写"整"或者"正"字; 4. 小写金额前要加"¥"符号,金额一律填写到"分";无角分的,角位或分位填"0"
票据到期日	填写票据的到期日,必须使用中文大写,与出票日期填写要求相同,付款期限最长不得超过6个月
承兑协议编号	填写双方签订的承兑协议的号码
行号 地址	1. 行号:填写承兑银行的行号; 2. 地址:填写承兑银行的地址
出票人签章	出票人加盖银行预留印鉴,一般为财务专用章与法人章

三、承兑

所谓承兑即承诺兑付,是付款人在汇票上签章表示承诺将来在汇票到期时承担付款义务的一种行为。承兑行为只发生在远期汇票的有关活动中。承兑行为是针对汇票而言的,并且只有远期汇票才可能承兑。本票、支票和即期汇票都不可能发生承兑。远期票据规定承兑的,在付款前,必须由持票人向付款人要求承兑,即付款人在票据前面批注承兑字样,后加签名、承兑日期及一些注解等。

知识链接

银行承兑汇票

一、银行承兑汇票真伪识别方法

1. 查:通过审查票面的"四性"——清晰性、完整性、准确性、合法性来辨别票据的真伪。

①清晰性:主要指票据平整洁净,字迹印章清晰可辨,达到"两无"。"两无"即一无污损,指票面无折痕、水迹、油渍或其他污物;二无涂改,指票面各记载要素、签章及背书无涂改痕迹。

②完整性:主要指票据没有破损且各记载要素及签章齐全,达到"两无"。"两无"即无残缺,指票据无缺角、撕痕或其他损坏;无漏项,指票面各记载要素及背书填写完整,各种签章齐全。

③准确性:主要指票面各记载要素填写正确,签章符合《票据法》的规定,达到"两无"。"两无"即无错项,指票据的行名、行号、汇票专用章等应准确无误,背书必须连续

等；无笔误，指票据大、小写金额应一致，书写规范，签发及支付日期的填写符合要求（月份要求1、2月前加零，日期要求1—9日前加零，10、20、30日前加零）。

④合法性：主要指票据能正常流转和受理，达到"两无"。"两无"即无免责，指注有"不得转让""质押""委托收款"字样的票据不得办理贴现；无禁令，指票据应不属于被盗、被骗、遗失范围及公检法禁止流通和公示催告范围。

2. 听：通过听抖动汇票纸张发出的声响来辨别票据的真伪。

用手抖动汇票，汇票纸张会发出清脆的响声，能明显感到纸张韧性；而假票的纸张手感软、绵、不清脆，而且票面颜色发暗、发污，个别印刷处字迹模糊。

3. 摸：通过触摸汇票号码凹凸感来辨别票据的真伪。

汇票号码正、反面分别为棕黑色和红色的渗透性油墨，用手指触摸时有明显的凹凸感，假票的号码则很少使用渗透性油墨，而且用手指触摸时凹凸感不明显。

4. 比：借助票面"四种防伪标志"比较来辨别票据的真伪。

二、银行承兑汇票办理托收手续时的注意事项

1. 检查承兑汇票，看是否有印鉴章模糊、印鉴章加盖错误、多盖印鉴章、骑缝章不骑缝等，如果有此类情况存在，需相对应的公司出具证明方可解兑。

2. 填写托收凭证，必须将付款人及收款人的全称、账号信息和开户行填写完整，汇票的金额必须与承兑汇票上的金额一致，大小写必须一致，并且填写正确。填写完整后，在托收凭证第二联上加盖公司银行预留印鉴。

3. 在银行承兑汇票的背书框里加盖银行预留印鉴，并在背书框写上"委托收款"，在被背书人上填写收款人公司的开户行。

4. 如果承兑有问题，需提供情况说明给付款行：情况说明首先要求写清楚票面要素，包括出票日期、汇票号码、出票人/收款人的全称、账号及开户行、出票金额、到期日等。再者要求写清楚，导致该笔汇票延误提示付款时间的原因，请求该银行付款，须表明"由此产生的经济责任，由我单位自行承担"；完成后，将银行承兑汇票的原件、托收凭证、相关的证明一并拿到收款人开户行，到柜台请求解付。

5. 银行受理后，一般5~7个工作日可以收款到账。

子任务 3.5.1　银行承兑汇票收款业务

任务描述

2021年9月1日，出纳员李小玲查看保险柜，发现山东省华彩有限公司交来一张为期3个月银行承兑汇票即将到期，金额565 000元，如图3-5-4所示。在汇报会计主管林国昌后，

按照会计主管要求前往银行办理银行承兑汇票的收款手续。

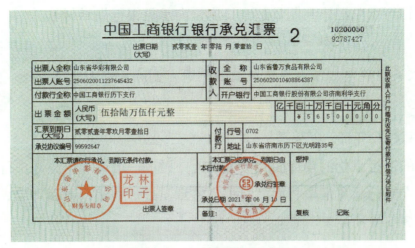

图 3-5-4　银行承兑汇票

出纳员李小玲需要完成以下任务：

1. 填写托收凭证；

2. 办理进账手续。

任务实施

出纳员李小玲完成银行承兑汇票收款业务流程如图 3-5-5 所示。

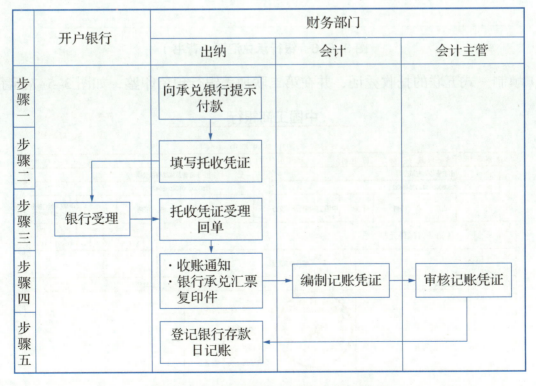

图 3-5-5　银行承兑汇票收款业务流程

步骤一： 向承兑银行提示付款。

出纳员应在银行承兑汇票到期日起十日内，向承兑银行提示付款。

> **提示：**
>
> 如果持票人未在规定期限内提示付款的，则丧失对其前手的追索权。因此，出纳人员应密切关注票据的到期日。

步骤二： 填写托收凭证。

（1）在收到的银行承兑汇票背面的被背书人一栏里，填写本单位开户行全称；

（2）出纳员在银行承兑汇票背面"背书人签章"处加盖银行预留印鉴，并注明"委托收款"字样，如图3-5-6所示。

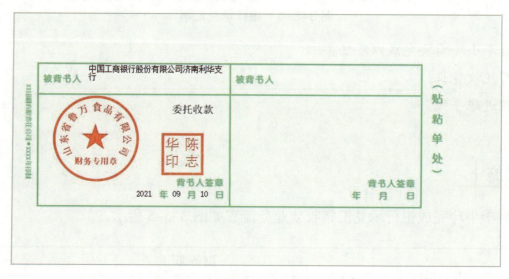

图3-5-6　银行承兑汇票（背书）

（3）填制一式五联的托收凭证，并在第二联加盖银行预留印鉴，如图3-5-7所示。

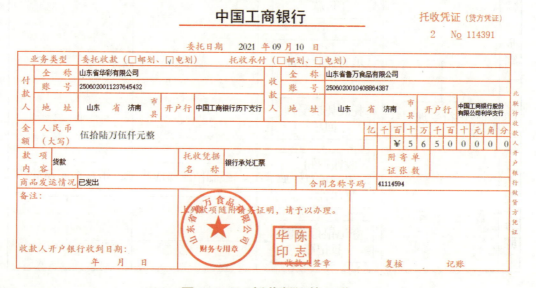

图3-5-7　托收凭证第二联

步骤三：去银行办理托收。

出纳员将托收凭证和银行承兑汇票第二联一同交给开户银行办理委托收款，银行审查无误后将托收凭证第一联受理回单联交给出纳员，如图 3-5-8 所示。

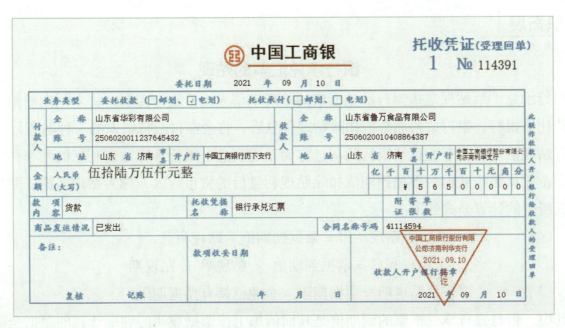

图 3-5-8　托收凭证第一联（受理回单联）

步骤四：会计编制记账凭证。

银行之间传递凭证，当款项到达公司账户后，银行会将托收凭证第四联收账通知交给公司。出纳员将收账通知和银行承兑汇票的复印件一并交由会计，由会计填制记账凭证。会计主管对记账凭证进行审核，如图 3-5-9 所示。

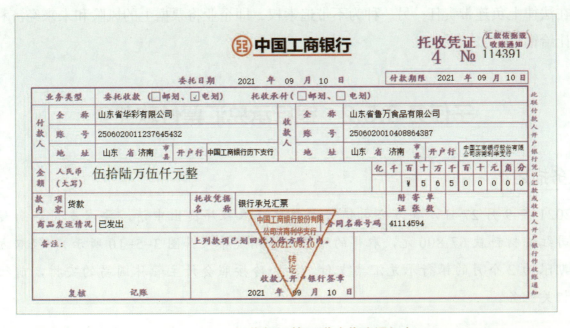

图 3-5-9　托收凭证第四联（收账通知）

步骤五： 出纳员登记银行存款日记账。

出纳员根据会计主管审核的记账凭证登记银行存款日记账。

知识拓展

银行承兑汇票的贴现

银行承兑汇票贴现是指银行承兑汇票的贴现申请人由于资金需要，将未到期的银行承兑汇票转让给银行，银行按票面金额扣除贴现利息后，将余额付给持票人的一种融资行为。

在贴现活动中，企业付给银行的利息称为贴现利息。银行计算贴现利息的利率称为贴现利率。企业从银行获得的票据到期值扣除贴现利息后的货币收入，称为贴现所得。贴现利息和贴现所得的计算公式如下：

贴现所得 = 票据到期值 – 贴现利息

贴现利息 = 票据到期值 × 贴现率 × 贴现期

贴现期 = 票据期限 – 企业已持有票据期限

其中，带息银行承兑汇票的到期值是其面值加上按票据载明的利率计算的票据全部期间的利息，不带息票据的到期值即为面值。贴现期是指从贴现日至票据到期日的天数，在实际计算中可以按月计算，也可按日计算。

银行承兑汇票贴现业务要以真实的商品交易为基础，它把信贷资金的投放、收回与商品的货款回收紧密结合在一起，使企业将未到期的银行承兑汇票提前变现，增加了企业的可用资金。银行承兑汇票的贴现根据票据的风险是否转移分为两种情况，一种带追索权，即贴现企业在法律上负连带责任；另一种为不带追索权，即企业将票据上的风险和未来经济利益全部转让给银行。

子任务 3.5.2　银行承兑汇票付款业务

任务描述

2021 年 9 月 27 日，鲁万公司销售部赵林峰依程序提出申请，要求支付济南天源有限公司红糖材料款 67 800 元，取得的增值税专用发票（如图 3-5-10 所示），经双方协商使用期限为 2 个月的银行承兑汇票支付。李小玲按照会计主管林国昌的安排，前往银行办理相关业务。

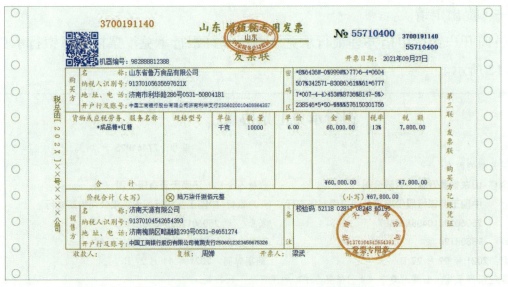

图 3-5-10　增值税专用发票（发票联）

出纳员李小玲需要完成以下任务：

1. 签订银行承兑协议；

2. 签发银行承兑汇票。

任务实施

出纳员李小玲完成银行承兑汇票付款业务流程如图 3-5-11 所示。

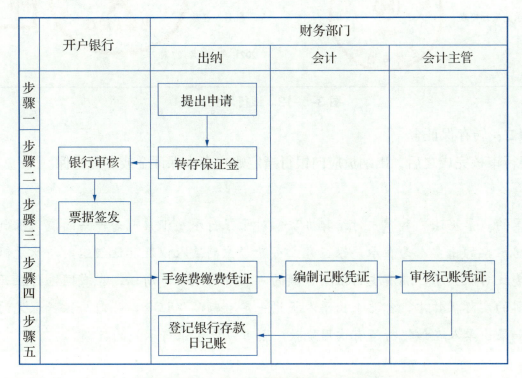

图 3-5-11　银行承兑汇票付款业务流程

步骤一： 提出申请。

出纳员向开户银行申请办理银行承兑汇票并签订银行承兑汇票协议。银行承兑汇票协议如图 3-5-12 所示。

银行承兑汇票协议

编号：77461825

银行承兑汇票的内容：

出票人全称　山东省鲁万食品有限公司　　　收款人全称　济南天源有限公司

开户银行　中国工商银行股份有限公司济南利华支行　　开户银行　中国工商银行股份有限公司槐荫支行

账号　　2506020010408864387　　　　账号　　2506012323458675326

汇票号码　98808724　　　　　　　　汇票金额（大写）陆万柒仟捌佰元整

出票日期　2021 年 09 月 27 日　　　　到期时间　2021 年 11 月 27 日

以上汇票经银行承兑，出票人遵守《支付结算办法》的规定及下列条款：

一、出票人于汇票到期日前将应付票款足额交存承兑银行。

二、承兑手续费按票面金额千分之（零点五）计算，在银行承兑时一次付清。

三、出票人与持票人如发生任何交易纠纷，均由其双方自行处理，票款于到期前仍按第一条办理不误。

四、承兑汇票到期日，承兑银行凭票无条件支付票款。如到期日之前出票人不能足额交付票款时，承兑银行对不足支付部分的票款转作出票申请人逾期贷款，并按照有关规定计收罚息。

五、承兑汇票款付清后，本协议自动生效。

承兑银行签章　　　　　　　　　　　出票人签章

2021 年 09 月 27 日

图 3-5-12　银行承兑协议

步骤二： 转存保证金。

经银行审核完成之后，出纳员应向银行指定账户存入保证金或办理担保。

> **提示：**
>
> 中国的《票据法》和《支付结算办法》对于银行承兑汇票有着严格的使用限制，要求银行承兑汇票的出票人为在承兑银行开立存款账户的法人以及其他组织，与承兑银行具有真实的委托付款关系，具有支付汇票金额的可靠资金来源。所以，在我国银行业开具银行承兑汇票的实际操作中，都要求出票人提供一定数额的保证金，一般与银行承兑的数额相一致，如果出票人在该银行享有信用贷款，则可以少于银行承兑的数额。

步骤三：开户银行签发票据。

银行签发银行承兑汇票后，出纳员须在银行承兑汇票的第一联、第二联的出票人签章处加盖银行预留印鉴，如图3-5-13、图3-5-14所示。出纳员将填写完整并加盖相关银行预留印鉴银行承兑汇票交还给银行，银行在第二联上盖章后退给出纳员。出纳员将银行承兑汇票第二联复印，原件由销售员交客户并取得客户的签收证明，如图3-5-15所示。

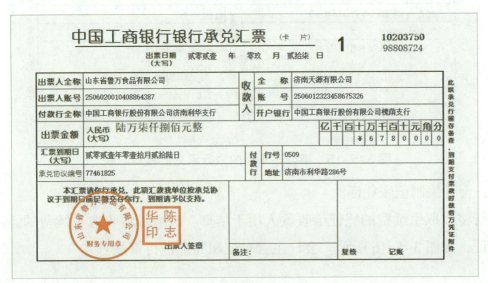

图3-5-13　银行承兑汇票第一联

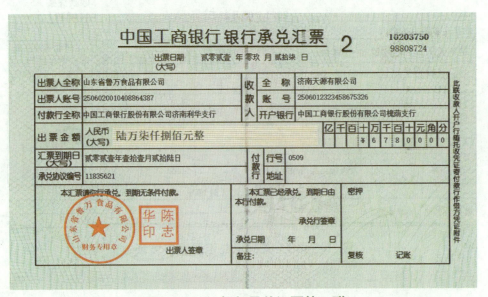

图3-5-14　银行承兑汇票第二联

> 🔁 **知识链接**
>
> 　　付款单位出纳员在填制银行承兑汇票时，应当逐项填写银行承兑汇票中签发日期，收款人和承兑申请人（即付款单位）的单位全称、账号、开户银行，汇票金额大、小写，汇票到期日等内容，并在银行承兑汇票的第一联至和第二联的"出票人签章"处加盖银行预留印鉴。

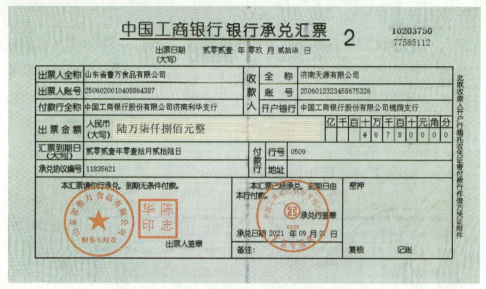

图 3-5-15　银行签章后的银行承兑汇票第二联

步骤四： 会计编制记账凭证。

开户银行将收取手续费的凭证给收款人用于结算。出纳员将收取手续费的凭证交由会计编制记账凭证，如图 3-5-16 所示。会计主管对记账凭证进行审核。

图 3-5-16　银行承兑汇票收费凭证

> ➲ **提示：**
>
> 在承兑时，票款实际尚未支付，因此票款部分出纳员不必登记银行存款日记账，只有办理结算的手续费需要登记日记账。

步骤五： 登记银行存款日记账。

出纳员根据会计主管审核的记账凭证登记银行存款日记账。

● 知识拓展

银行承兑汇票到期后处理

银行承兑汇票签发后，企业将银行承兑汇票交给收款方并取得对方的签收证明，出纳员务必在票据到期前将足额的票款存入付款账号；票据到期后，出纳员会收到银行的付款通知，出纳员应将付款通知与银行承兑汇票签收表核对，确认金额、日期等信息无误后，银行会将款项转给收款人。出纳员则将付款通知、银行承兑汇票复印件及签收表格交由会计，由会计编制记账凭证。出纳员根据经过审核的记账凭证登记银行存款日记账。

> **知识链接**
>
> 1. 到银行办理银行承兑汇票时应注意的事项：
>
> ①应将银行承兑汇票的有关内容与交易合同进行核对，核对无误后填制"银行承兑协议"，并加盖银行预留印鉴。
>
> ②办理承兑手续应向承兑银行支付手续费，由银行从付款单位存款户中扣收。
>
> ③在承兑时，票款实际尚未支付，因此票款部分出纳员不必登记银行存款日记账，只有办理结算的手续费需要登记日记账。
>
> 2. 如果银行承兑汇票到期，而承兑申请人无款支付或不足支付的，承兑银行将继续向收款单位开户银行划拨资金，同时按照承兑协议规定将不足支付的票款转入承兑申请人的逾期贷款账户，并对不足支付票款按天计收罚息。
>
> 3. 对于因无款支付或不足支付的罚息，应在收到银行罚息通知时，由会计编制银行存款付款凭证，出纳员登记银行存款日记账。

● 知识拓展

近年来，随着我国金融电子化水平不断提高和金融基础设施的完善，在银行票据业务方面，银行汇票、银行本票和支票都不同程度地实现了电子化，安全性和效率得到极大改善。但是，相对而言，商业汇票的电子化步伐比较滞后，其业务处理基本上采用传统的手工、纸质方式，效率低、风险高，不利于商业汇票的进一步发展。为进一步推动国内票据业务和票据市场发展，便利企业支付和融资，在充分调研论证的基础上，中国人民银行于 2008 年 1 月决定组织建设电子商业汇票系统，2009 年 10 月 28 日建成投入运行，2010 年开始在全国推广，自此，我国商业票据业务进入电子化时代。

电子商业汇票是指出票人依托电子商业汇票系统（ECDS），以数据电文形式制作的，委托付款人在指定日期无条件支付确定的金额给收款人或者持票人的票据。电子商业汇票分为电子银行承兑汇票（如图 3-5-17 所示）和电子商业承兑汇票，具有以下特点：

（1）票据记载和流通全部电子化的特点；

（2）票据操作通过银行网络或财务公司网络渠道进行，以电子签名取代传统签章；

（3）票据信息存储在中国人民银行电子汇票系统 ECDS 内；票据信息通过网络渠道查询。

电子商业汇票只能在电子商业汇票系统签发。每张有一个独立的票据号码，实时显示票据的状态，所有的签发、流转信息都以一串 30 位字符为标识存储在 ECDS 系统，无法篡改。

与纸质商业汇票相比，企业在使用电子商业汇票的过程中具有以下几点优势：

（1）电子商业汇票的使用不受时间和空间的限制，交易效率大大提高，提高了企业资金周转速度，畅通了企业的融资渠道，提升了企业的融资效率；

（2）电子商业汇票以数据电文代替纸质票据，采用电子签名代替实体签章，确保了电子商业汇票使用的安全性，大大降低了票据业务的欺诈风险；

（3）电子商业汇票的付款期最长为一年，增强了企业的短期融资能力，有助于进一步降低企业短期融资成本，降低企业财务费用。

以电子银行承兑汇票为例，如图 3-5-17、图 3-5-18 所示。

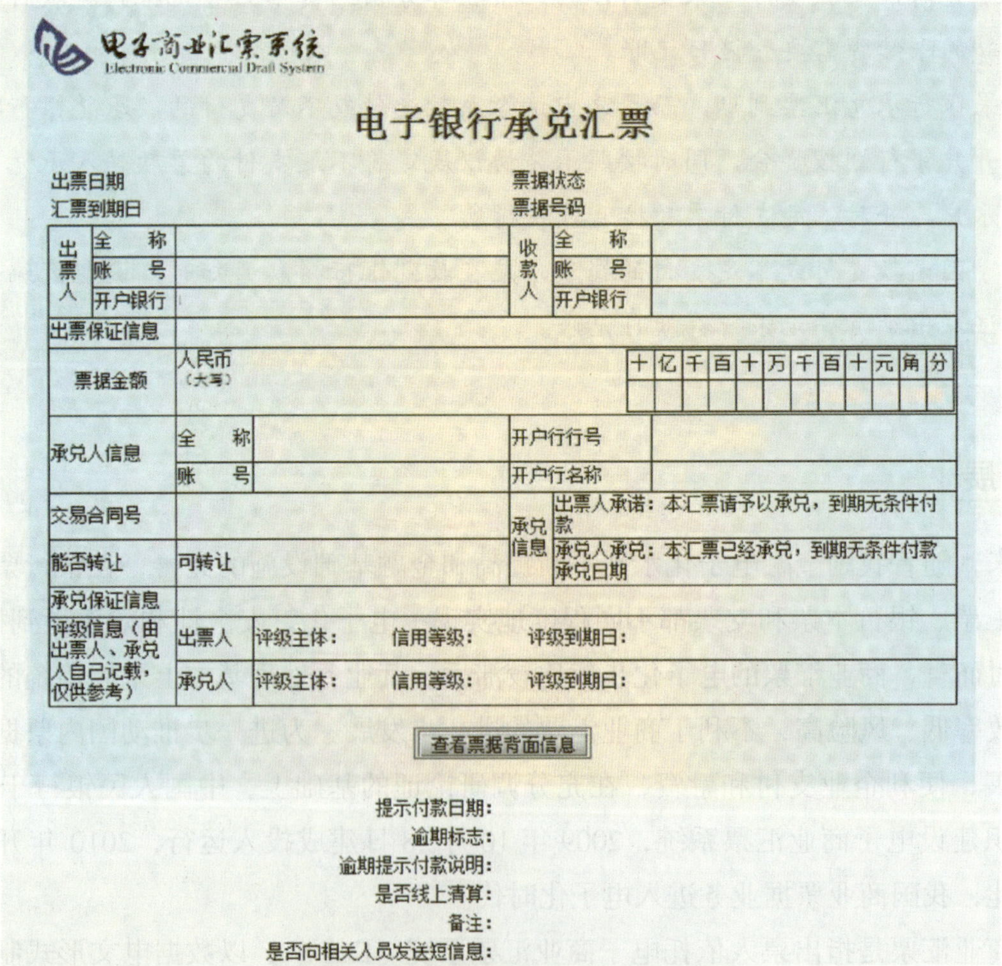
电子商业汇票系统
Electronic Commercial Draft System

电子银行承兑汇票

出票日期　　　　票据状态
汇票到期日　　　票据号码

出票人	全　称		收款人	全　称	
	账　号			账　号	
	开户银行			开户银行	
出票保证信息					
票据金额	人民币（大写）		十 亿 千 百 十 万 千 百 十 元 角 分		
承兑人信息	全　称		开户行行号		
	账　号		开户行名称		
交易合同号			承兑信息	出票人承诺：本汇票请予以承兑，到期无条件付款	
能否转让	可转让			承兑人承兑：本汇票已经承兑，到期无条件付款 承兑日期	
承兑保证信息					
评级信息（由出票人、承兑人自己记载，仅供参考）	出票人	评级主体：	信用等级：	评级到期日：	
	承兑人	评级主体：	信用等级：	评级到期日：	

查看票据背面信息

提示付款日期：
逾期标志：
逾期提示付款说明：
是否线上清算：
备注：
是否向相关人员发送短信息：

图 3-5-17　电子银行承兑汇票正面

图 3-5-18 电子银行承兑汇票背面

任务 3.6 工资发放

情景引例

2021 年 9 月 12 日，鲁万公司会计主管林国昌让出纳员李小玲按照工资表给员工发工资。李小玲拿着工资发放表到开户行中国工商银行办理代发工资业务。

李小玲需要完成以下任务：

1. 填写支票领用申请表；

2. 填写转账支票及支票使用登记簿；

3. 办理代发工资业务。

知识准备

根据最新的准则规定，职工薪酬包括短期薪酬、离职后福利、辞退福利和其他长期职工福利。

一、货币性职工薪酬发放与支付的内容

《企业会计准则第 9 号——职工薪酬》准则规定：职工薪酬，是指企业为获得职工提供的服务或解除劳动关系而给予的各种形式的报酬或补偿。职工薪酬包括短期薪酬、离职后福利、辞退福利和其他长期职工福利。企业提供给职工配偶、子女、受赡养人、已故员工遗嘱及其他受益人等的福利，也属于职工薪酬。

《企业会计准则第9号——职工薪酬》准则中的"职工"，主要包括三类人员：

一是指与企业订立劳动合同的所有人员，含全职、兼职和临时职工；

二是未与企业订立劳动合同但由企业正式任命的人员；

三是未与企业订立劳动合同或未由其正式任命，但向企业所提供服务与职工所提供服务类似的人员，包括通过企业与劳务中介公司签订用工合同而向企业提供服务的人员。

短期薪酬，是指企业在职工提供相关服务的年度报告期间结束后十二个月内需要全部予以支付的职工薪酬，因解除与职工的劳动关系给予的补偿除外。短期薪酬具体包括：职工工资、奖金、津贴和补贴，职工福利费，医疗保险费、工伤保险费和生育保险费等社会保险费，住房公积金，工会经费和职工教育经费，短期带薪缺勤，短期利润分享计划，非货币性福利以及其他短期薪酬。带薪缺勤，是指企业支付工资或提供补偿的职工缺勤，包括年休假、病假、短期伤残、婚假、产假、丧假、探亲假等。利润分享计划，是指因职工提供服务而与职工达成的基于利润或其他经营成果提供薪酬的协议。

离职后福利，是指企业为获得职工提供的服务而在职工退休或与企业解除劳动关系后，提供的各种形式的报酬和福利（养老保险费和失业保险费归为此类），短期薪酬和辞退福利除外。

辞退福利，是指企业在职工劳动合同到期之前解除与职工的劳动关系，或者为鼓励职工自愿接受裁减而给予职工的补偿。

其他长期职工福利，是指除短期薪酬、离职后福利、辞退福利之外所有的职工薪酬，包括长期带薪缺勤、长期残疾福利、长期利润分享计划等。

货币性职工薪酬主要针对短期薪酬中除非货币性福利的部分。

二、工资发放方式

工资的发放方式分为两种：一是企业直接发放现金；二是通过银行代发工资。银行代发工资极大地减轻了财务人员的工作量，减少了财务人员因清点现金发生的差错，因此，目前多数单位都通过银行代发的方式发放工资。

任务实施

出纳员李小玲完成银行代发工资业务流程如图3-6-1所示。

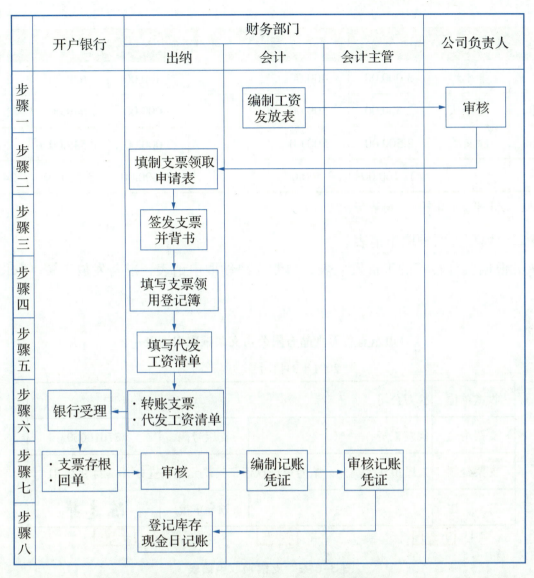

图 3-6-1　银行代发工资业务流程

步骤一： 会计编制工资发放表，并由公司负责人签字，如表 3-6-1 所示。

表 3-6-1　山东省鲁万食品有限公司工资发放表

2021 年 08 月 　　　　　　　　　　　　　　　　　　　　　　　　　　　　　单位：元

部门	姓名	基本工资	岗位工资	补发工资	应发工资	应扣款项	实发工资
行政部	陈志华	4 500.00	500.00		5 000.00	932.55	4 067.45
销售部	赵林峰	3 600.00	400.00		4 000.00	732.00	3 268.00
采购部	苏波	3 500.00	400.00		3 900.00	713.70	3 186.30
财务部	林国昌	4 000.00	400.00		4 400.00	808.04	3 591.96
财务部	方玉平	3 500.00	400.00		3 900.00	713.70	3 186.30

续表

部门	姓名	基本工资	岗位工资	补发工资	应发工资	应扣款项	实发工资
财务部	李小玲	3 000.00	400.00		3 400.00	622.20	2 777.80
生产车间	高华庆	2 500.00	500.00		3 000.00	549.00	2 451.00
生产车间	徐文欣	2 500.00	500.00		3 000.00	549.00	2 451.00
合计		27 100.00	3 500.00		30 600.00	5 620.19	24 979.81

编表人：方玉平   审核人：陈志华

步骤二：填写支票领取申请表。

出纳员根据会计转来的工资发放表，填制支票领取申请表，准备发放工资，如图 3-6-2 所示。

山东省鲁万食品有限公司支票领取申请表

2021年9月13日

收款单位	鲁万公司		
支票用途	代发工资	支票号码	87016069
支票金额	人民币（大写）：贰万肆仟玖佰柒拾玖元捌角壹分		¥24 979.81
备　　注		领导审批	陈志华

会计：方玉平　　　　出纳：李小玲　　　　领票人：李小玲

图 3-6-2　支票领取申请表

步骤三：签发支票并背书。

出纳员填写转账支票或利用支票打印机打印出转账支票，加盖财务专用章和法人章，并背书，如图 3-6-3、图 3-6-4 所示。

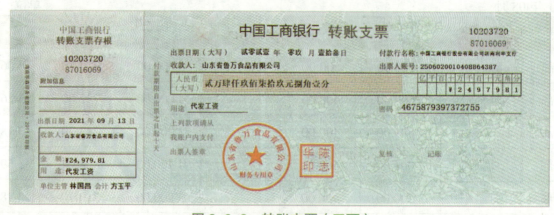

图 3-6-3　转账支票（正面）

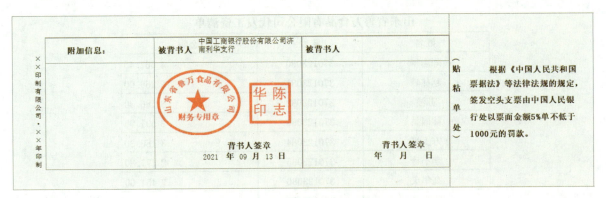

图 3-6-4　转账支票（背面）

步骤四： 填写支票领用登记簿。

出纳员签好转账支票后及时登记"支票领用登记簿"并要求支票领用人签字，如图 3-6-5 所示。

<table>
<tr><td colspan="16" align="center">支票领用登记簿</td></tr>
<tr><td colspan="2">支票类别：转账支票</td><td colspan="2">2021 年 09 月</td><td colspan="12">银行账号：2506020010408864387</td></tr>
<tr><td colspan="2">日期</td><td rowspan="2">支票号码</td><td rowspan="2">支票用途</td><td colspan="9">金额</td><td rowspan="2">领用人</td><td colspan="2">报销日期</td><td rowspan="2">备注</td></tr>
<tr><td>月</td><td>日</td><td>千</td><td>百</td><td>十</td><td>万</td><td>千</td><td>百</td><td>十</td><td>元</td><td>角</td><td>分</td><td>月</td><td>日</td></tr>
<tr><td>09</td><td>13</td><td>87016069</td><td>代发工资</td><td></td><td></td><td>2</td><td>4</td><td>9</td><td>7</td><td>9</td><td>8</td><td>1</td><td>李小玲</td><td></td><td></td><td></td></tr>
<tr><td></td><td></td><td></td><td></td><td></td><td></td><td></td><td></td><td></td><td></td><td></td><td></td><td></td><td></td><td></td><td></td><td></td></tr>
<tr><td></td><td></td><td></td><td></td><td></td><td></td><td></td><td></td><td></td><td></td><td></td><td></td><td></td><td></td><td></td><td></td><td></td></tr>
<tr><td></td><td></td><td></td><td></td><td></td><td></td><td></td><td></td><td></td><td></td><td></td><td></td><td></td><td></td><td></td><td></td><td></td></tr>
<tr><td></td><td></td><td></td><td></td><td></td><td></td><td></td><td></td><td></td><td></td><td></td><td></td><td></td><td></td><td></td><td></td><td></td></tr>
<tr><td></td><td></td><td></td><td></td><td></td><td></td><td></td><td></td><td></td><td></td><td></td><td></td><td></td><td></td><td></td><td></td><td></td></tr>
<tr><td></td><td></td><td></td><td></td><td></td><td></td><td></td><td></td><td></td><td></td><td></td><td></td><td></td><td></td><td></td><td></td><td></td></tr>
<tr><td></td><td></td><td></td><td></td><td></td><td></td><td></td><td></td><td></td><td></td><td></td><td></td><td></td><td></td><td></td><td></td><td></td></tr>
<tr><td></td><td></td><td></td><td></td><td></td><td></td><td></td><td></td><td></td><td></td><td></td><td></td><td></td><td></td><td></td><td></td><td></td></tr>
</table>

图 3-6-5　支票领用登记簿

步骤五： 出纳员填写代发工资清单。

出纳员依据工资发放表填写代发工资清单，如图 3-6-6 所示。

山东省鲁万食品有限公司代发工资清单

姓名	账号	金额
陈志华	370123080	4 067.45
赵林峰	370123081	3 268.00
苏波	370123082	3 186.30
林国昌	370123083	3 591.96
方玉平	370123084	3 186.30
李小玲	370123085	2 777.80
高华庆	370123086	2 451.00
徐文欣	370123087	2 451.00
合计： 8 人		24 979.81

图 3-6-6　代发工资清单

步骤六： 银行办理代发工资业务。

出纳员携带转账支票、代发工资清单和工资数据到银行办理代发工资业务。并将代发工资清单回单及进账单（一式三联）第三联收账通知交还给出纳员，如图 3-6-7、图 3-6-8 所示。

山东省鲁万食品有限公司代发工资清单

姓名	账号	金额
陈志华	370123080	4 067.45
赵林峰	370123081	3 268.00
苏波	370123082	3 186.30
林国昌	370123083	3 591.96
方玉平	370123084	3 186.30
李小玲	370123085	2 777.80
高华庆	370123086	2 451.00
徐文欣	370123087	2 451.00
合计： 8 人		24 979.81

图 3-6-7　代发工资清单回单

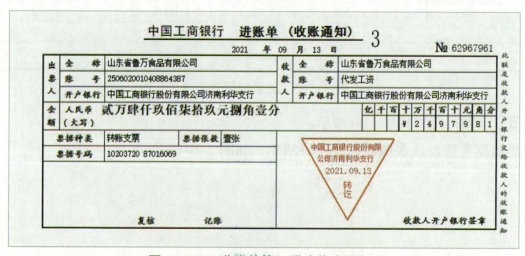

图 3-6-8　进账单第三联（收账通知）

步骤七：会计编制记账凭证。

出纳员将代发工资清单回单、进账单收账通知及转账支票存根（如图 3-6-9 所示）交给会计人员，会计人员编制记账凭证。会计主管对记账凭证进行审核。

> **提示：**
>
> 收款人账户为银行内部代发工资周转户，所以收款人账号处填写"代发工资"即可。

图 3-6-9　转账支票（存根）

步骤八：出纳员登记银行存款日记账。

知识拓展

1. 现金发放职工工资

用现金发放职工工资，出纳员需要根据工资发放表中的实发金额，按规定程序填写现金支票后去银行提取现金。发放现金工资给职工时，要求领取工资的职工在工资发放表上签名，表示该员工的现金工资已领取。领取人在签字时，应当场确认现金数量及现金真伪。现金工资发放完毕后，出纳员应在工资表上加盖现金付讫章，然后将工资表交给会计编制记账凭证并经会计主管审核后，登记现金日记账。

2. 公司网银发放工资

随着网上银行的普及，目前，大部分公司选择通过网上银行支付职工工资。通过公司网银发放有两种形式，批量代发和逐笔支付。在批量代发的形式下，需要企业与银行先签订代发协议，选择代发工资（或代发其他）功能，根据网银指定的格式制作模板，上传网银，总金额核对无误后予以支付（如遇职工账户信息错误会退回错误的金额，核对后再次提交支付）；在逐笔支付的形式下，则由出纳通过支付结算功能，逐笔录入，经复核后予以支付。

任务 3.7　四险一金的缴纳

情景引例

　　出纳员李小玲在办理工资业务发放时，发现工资发放表中存在应扣款项一栏。李小玲向会计主管林国昌请教了应扣款项的主要核算内容，林国昌向李小玲详细讲解了应扣款项的主要内容，即四险一金和个人所得税，并指导李小玲进行了相关业务的办理。

知识准备

　　企业进行工资核算时的代扣代缴款项主要有以下几部分内容。

一、社会保险费

　　社会保险是指国家通过立法，多渠道筹集资金，对劳动者在因年老、失业、工伤、生育而减少劳动收入时给予经济补偿，使他们能够享有基本生活保障的一项社会保障制度。

　　社会保险费，是指在社会保险基金的筹集过程当中，单位和个人按照规定的数额和期限向社会保险管理机构缴纳的费用，它是社会保险基金的最主要来源，也可以认为是社会保险的保险人（国家）为了承担法定的社会保险责任，而向被保险人收缴的费用。

　　社会保险费包含养老保险、医疗保险、失业保险、工伤保险和生育保险这五项。这五项保险的征缴比例有所不同，其中养老保险、医疗保险和失业保险这三种险是由企业和个人共同缴纳保费，工伤保险和生育保险完全由企业承担，个人不需要缴纳。未按规定缴纳和代扣代缴社会保险费的，由劳动保障行政部门或者税务机关责令限期缴纳；逾期仍不缴纳的，除补缴欠缴数额外，从欠缴之日起，按日加收千分之二的滞纳金。滞纳金并入社会保险基金。

> 提示:
> 　　1.《社会保险费征缴暂行条例》及劳动和社会保障部发布的相关法规规定：各单位和职工个人应以缴费工资为缴纳社会保险费的基数，缴费工资一般是根据职工上年度月平均工资收入确定（新职工按当月工资），每年 7 月份调整。
> 　　2.2019 年 3 月，国务院办公厅印发《关于全面推进生育保险和职工基本医疗保险合并实施的意见》，指出 2019 年年底前实现生育保险和职工基本医疗保险合并实施。即将生育保险和医疗保险合并实施，两险合并缴纳。传统的五险一金成为四险一金，需要说明的是，生育保险并没有取消，而是与医疗保险合并实施。

知识链接

根据国务院和山东省人民政府关于社会保险费征收体制改革部署，企业社会保险费征收采用"社保（医保）核定、税务征收"模式。缴费人按照现行方式和渠道向社保（医保）经办机构办理参保和人员变更登记，申报应缴纳的社会保险费，按照社保（医保）经办机构核定的应缴费额向税务部门缴费。税务部门为缴费人提供"网上、掌上、实体、自助"等多元化缴费渠道。缴费人可以通过办税服务厅、政务服务大厅税务征收窗口、自助办税（费）终端、单位客户端、电子税务局、手机APP以及商业银行等渠道进行缴费。

其中，养老保险、失业保险和工伤保险缴费金额通过山东省社保平台推送给税务部门，医疗保险则通过山东省医保平台推送税务部门，因此税务部门分别进行扣款。

职业判断

社会保险费虽然归属于职工薪酬的核算范围，但具体核算项目并不一样。具体而言，医疗保险、工伤保险属于短期薪酬的核算范围，养老保险、失业保险则属于离职后福利的核算内容。

二、住房公积金

住房公积金，是指国家机关、国有企业、城镇集体企业、外商投资企业、城镇私营企业及其他城镇企业、事业单位、民办非企业单位、社会团体（以下统称单位）及其在职职工缴存的长期住房储金。

住房公积金由两部分组成，一部分由职工所在单位缴存，另一部分由职工个人缴存。职工个人缴存部分由单位代扣后，连同单位缴存部分一并缴存到住房公积金个人账户内。经所在地的公积金管理中心批准，可用于职工购买、建造、翻建、大修自住住房等方面。

公积金缴存比例：企业可以根据实际情况，选择住房公积金缴存比例。职工和单位住房公积金的最低缴存比例各为5%，最高比例各为12%，不得低于5%。

提示：

四项社会保险费和住房公积金，通常称之为"四险一金"。四险一金的缴纳额度每个地区的规定都不同，基数是以工资总额为基数，具体比例要向当地的劳动部门去咨询，各地缴纳比例不一样。

子任务 3.7.1 社会保险费的缴纳

任务描述

2021 年 9 月 6 日，由于公司尚未签署电子税务局社保扣款的三方协议，出纳员李小玲根据从电子税务局端打印出来的银行端查询缴税凭证，前往中国工商银行济南利华支行办理缴费业务，如图 3-7-1 所示。

银行端查询缴费凭证

银行端查询缴费凭证序号：4201001113000002697　　　　　　2021 年 9 月 10 日

纳税人识别码	913705635697621X	税务机关代码	
纳税人名称	山东省鲁万食品有限公司	税务机关名称	国家税务总局济南市历下区税务局
付款人名称		开户银行名称	
付款人账号		税款限缴日期	2021 年 9 月 15 日
征收项目名称	征收品目名称		应缴税款
企业职工基本养老保险费	职工基本养老保险费（单位缴纳）		4 869.00
企业职工基本养老保险费	职工基本养老保险费（个人缴纳）		2 448.00
失业保险费	失业保险（单位缴纳）		214.20
失业保险费	失业保险（个人缴纳）		73.44
工伤保险费	工伤保险		275.40
金额合计（小写）：¥7 907.04			
金额合计（大写）：柒仟玖佰零柒元零肆分			
付款人 经办人	银行记账员 （签章）		备注 请在税款限缴日期间缴款，逾期必须重新打印后才能缴款！

银行端查询缴费凭证

银行端查询缴费凭证序号：4201001113000003580　　　　　　2021 年 9 月 10 日

纳税人识别码	913705635697621X	税务机关代码	
纳税人名称	山东省鲁万食品有限公司	税务机关名称	国家税务总局济南市历下区税务局
付款人名称		开户银行名称	
付款人账号		税款限缴日期	2021 年 9 月 15 日
征收项目名称	征收品目名称		应缴税款
基本医疗保险费	职工基本医疗保险费（单位缴纳）		3 060.00
基本医疗保险费	职工基本医疗保险费（个人缴纳）		612.00
金额合计（小写）：¥3 672.00			
金额合计（大写）：叁仟陆佰柒拾贰元整			
付款人（签章） 经办人（签章）	银行记账员 （签章）		备注 请在税款限缴日期间缴款，逾期必须重新打印后才能缴款！

图 3-7-1　银行端查询缴费凭证

李小玲需完成办理以下任务：

1. 完成养老保险、失业保险和工伤保险的缴费业务；

2. 完成医疗保险的缴费业务。

任务实施

出纳员李小玲完成养老保险、失业保险和工伤保险缴费业务的流程如图3-7-2所示。（因医疗保险缴费业务流程一致，仅以养老保险、失业保险和工伤保险的缴费业务做说明）

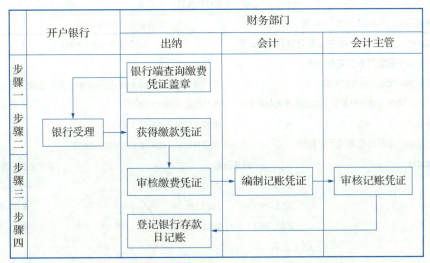

图3-7-2 社会保险费缴纳业务处理流程图

步骤一： 银行端查询缴款凭证盖章。

出纳员在电子税务局系统中导出的银行端查询缴费凭证上加盖预留印鉴，如图3-7-3所示。

银行端查询缴费凭证

银行端查询缴费凭证序号：4201001113000002697　　　　2021年9月10日

纳税人识别号	913705635697621X	税务机关代码	
纳税人名称	山东省鲁万食品有限公司	税务机关名称	国家税务总局济南市历下区税务局
付款人名称		开户银行名称	
付款人账号		税款限缴日期	2021年9月15日
征收项目名称	征收品目名称		应缴税款
企业职工基本养老保险费	职工基本养老保险费（单位缴纳）		4 869.00
企业职工基本养老保险费	职工基本养老保险费（个人缴纳）		2 448.00
失业保险费	失业保险（单位缴纳）		214.20
失业保险费	失业保险（个人缴纳）		73.44
工伤保险费	工伤保险		275.40
金额合计（小写）¥7 907.04			
金额合计（大写）柒仟玖佰零柒元零肆分			
付款人（签章） 财务专用章 经办人（签章） 李小玲		银行记账员 （签章）	备注 请在税款限缴日期间缴款，逾期必须重新打印后才能缴款！

图3-7-3 盖章后的银行端查询缴费凭证

> **提示:**
>
> 养老保险、医疗保险和失业保险,这三种险是由企业和个人共同缴纳保费,工伤保险和生育保险完全由企业承担,个人不需要缴纳。

步骤二: 到开户银行办理缴款业务。

出纳员持银行端查询缴费凭证到开户银行办理缴款业务,业务办理完毕取得电子缴费付款凭证,银行端查询缴费业务凭证银行留存,如图 3-7-4 所示。

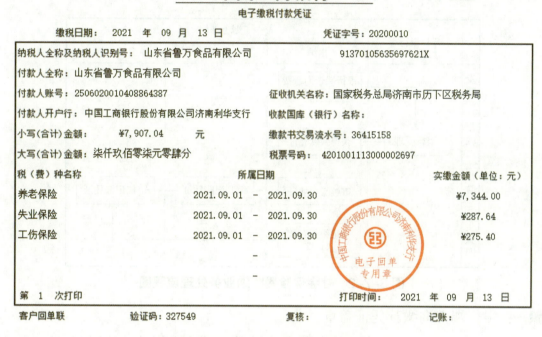

图 3-7-4　电子缴费付款凭证

步骤三: 会计编制记账凭证。

出纳员审核加盖银行结算章的电子缴费付款凭证后,将其交予会计。会计在系统内打印出税收完税证明后编制记账凭证。会计主管对记账凭证进行审核。

步骤四: 出纳员登记银行存款日记账。

出纳员根据审核无误的记账凭证登记银行存款日记账。

知识拓展

根据国务院和山东省人民政府关于社会保险费征收体制改革部署,自 2020 年 11 月 1 日起,企业职工各项社会保险费交由税务部门统一征收。企业通过山东单位社保费管理客户端进行职工缴费工资日常申报,申报发送后数据将发送到税务局。随后,可以通过电子税务局查询应缴费的金额并进行缴费。电子税务局提供了三方协议扣费、联行缴费、银

行端扣款凭证缴费和微信缴费四种形式。目前，三方协议可以实现网上签约，多数企业采用了三方协议扣费形式进行，或者采用联行缴费，通过网上银行进行缴款。缴款后即可打印税收完税证明。但是如果企业尚未签署三方协议或者缴费金额大于银联缴款限额的纳税人，可以打印银行端查询缴费凭证，去银行柜台办理缴款。缴款后取得银行电子缴费凭证，同时，电子税务局端可以自行打印税收完税证明，会计根据电子缴费凭证和打印的税收完税证明，编制记账凭证。

子任务 3.7.2　住房公积金的缴纳

任务描述

2021年9月10日，出纳员李小玲需要根据计算出的9月份应缴纳的住房公积金，前往中国工商银行济南利华支行办理公积金的缴费业务，如表3-7-1、表3-7-2所示。

表3-7-1　单位负担的住房公积金

2021年9月　　　　　　　　　　　　　　　　　　　　　　　　　　　　　　单位：元

部门	姓名	缴费基数	住房公积金
行政部	陈志华	5 000.00	400.00
销售部	赵林峰	4 000.00	320.00
采购部	苏波	3 900.00	312.00
财务部	林国昌	4 400.00	352.00
财务部	方玉平	3 900.00	312.00
财务部	李小玲	3 400.00	272.00
生产车间	高华庆	3 000.00	240.00
生产车间	徐文欣	3 000.00	240.00
合计		30 600.00	2 448.00

表3-7-2　个人负担的住房公积金

2021年9月　　　　　　　　　　　　　　　　　　　　　　　　　　　　　　单位：元

部门	姓名	应发工资	住房公积金
行政部	陈志华	5 000.00	400.00
销售部	赵林峰	4 000.00	320.00

续表

部门	姓名	应发工资	住房公积金
采购部	苏波	3 900.00	312.00
财务部	林国昌	4 400.00	352.00
财务部	方玉平	3 900.00	312.00
财务部	李小玲	3 400.00	272.00
生产车间	高华庆	3 000.00	240.00
生产车间	徐文欣	3 000.00	240.00
合计		30 600.00	2 448.00

李小玲需完成如下任务：

1. 填写住房公积金汇缴书；

2. 办理住房公积金缴纳业务。

任务实施

出纳员李小玲完成住房公积金缴纳业务处理流程如图3-7-5所示。

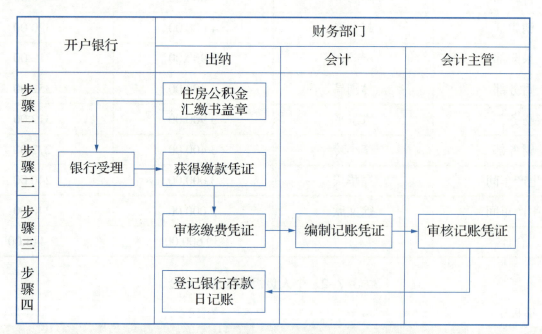

图 3-7-5　办理住房公积金缴纳业务处理流程

步骤一：出纳员填写住房公积金汇缴书并加盖单位公章，如图3-7-6所示。

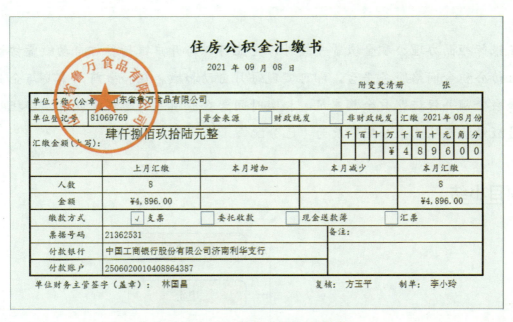

图 3-7-6　住房公积金汇缴书

步骤二： 到开户银行办理缴款业务。

出纳员持转账支票及汇缴书到开户银行办理缴款业务。缴款业务办理完毕后取得加盖银行转讫章的汇缴书，如图 3-7-7 所示。

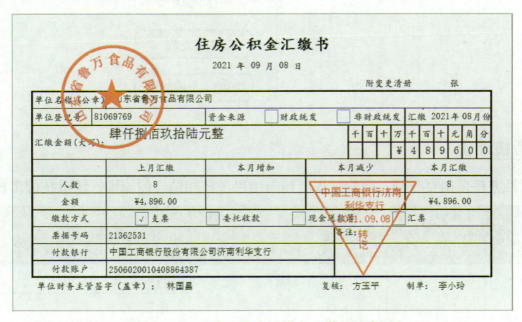

图 3-7-7　住房公积金汇缴书（缴款盖章后）

步骤三： 会计编制记账凭证。

出纳员将转账支票存根及加盖银行转讫章的住房公积金汇缴书审核后，交会计编制记账凭证。会计主管对记账凭证进行审核。

步骤四： 出纳员登记银行存款日记账。

> ● 提示:
>
> 除在银行柜面办理公积金缴费手续外，企业可以与开户银行签订自动缴费协议，将相关信息上传公积金网络服务平台，即可实现每月自动扣缴。在扣缴前，需要与企业人事部门确认扣缴金额并保证账户余额充足，扣缴时间为企业填写的委托收款日，委托收款成功后，当月缴费状态从"未分配"改为"已分配"。

项目小结

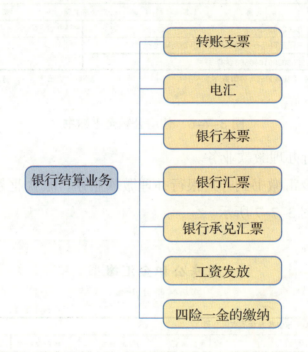

考核评价

本项目考核采用百分制，采取过程考核与结果考核相结合的原则，注重技能考核。

过程考核/40%				结果考核/60%	
职业态度	组织纪律	学生互评	实训练习	考核序号	分值
根据学生课堂表现，采取扣分制	考勤与课堂纪律	小组内同学互评，组间互评	教师根据学生提交的实训报告情况进行评价	转账支票	10
				电汇	10
				银行本票	10
				银行汇票	10
				银行承兑汇票	10
				工资发放	10
				四险一金的缴纳	10

教学项目 4

网上收付款业务办理

学习目标

1. 理解网上银行的概念；
2. 熟练掌握网上银行收付款业务的办理；
3. 熟练掌握支付宝充值、提现、转账及收付款业务的办理；
4. 熟练掌握微信收付款业务的办理。

项目概述

网上支付指网上交易的当事人（包括消费者、企业和金融机构等）以金融电子化网络为基础，利用银行所支持的某种数字金融工具，采用现代计算机技术和通信技术作为手段，通过计算机网络特别是互联网，以电子信息传递形式来实现资金的流通和支付，是电子支付的一种形式。网上支付使用的是最先进的通信手段，具有方便、快捷、高效、经济的优势，被越来越多的消费者、企业、金融机构使用。

主要业务包括以下三部分内容：

1. 网上银行业务办理

学习网上银行的开通、登录、收付款业务。

2. 支付宝业务办理

学习注册支付宝账户、支付宝添加银行卡、支付宝收款以及支付宝的充值、提现业务。

3. 微信业务办理

学习申请微信服务商、微信收付款业务。

任务 4.1　网上银行收付款业务

任务描述

2021 年 9 月 15 日，鲁万公司要向北京市通达材料有限公司（简称"通达公司"）紧急订购一批食品包装材料，需预付定金 80 000 元。由于时间紧、任务急，李小玲来不及去银行，在征求会计主管林国昌同意之后，决定通过网上银行的方式来支付款项。要求出纳员李小玲完成以下任务：

1. 登录公司网上银行；

2. 根据通达公司信息（如表 4-1-1 所示）和购销合同（如图 4-1-1 所示）支付预付货款80 000 元。

表 4-1-1　通达公司企业信息

企业名称	北京市通达材料有限公司
开户银行	中国工商银行北京市武圣路支行
银行账号	6225887540917489288
地址及电话	北京市通州区武圣路 886 号 010-84359647

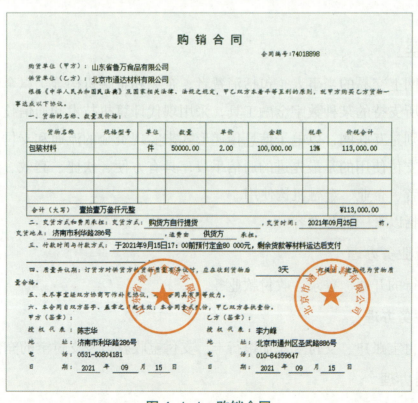

图 4-1-1　购销合同

知识准备

网上银行又称网络银行、在线银行，是指银行利用互联网技术，通过互联网向客户提供开户、查询、对账、行内转账、跨行转账、信贷、网上证券、投资理财等传统服务项目，使客户可以足不出户就能够安全便捷地管理活期和定期存款、支票、信用卡及个人投资等。可以说，网上银行是在互联网上的虚拟银行柜台。

企业网上银行业务功能分为基本功能和特定功能。基本功能包括账户管理、网上汇款、在线支付等功能，特定功能包括贵宾室、网上支付结算代理、网上收款、网上信用证、网上票据和账户高级管理等业务功能。本任务主要以中国工商银行为例讲述网上银行收付款业务的处理。

一、开通网上银行

根据各银行要求，客户需要开立账户并提供开户行要求的其他材料（如图4-1-2所示）。

> **提示：**
>
> 1. 仔细阅读《中国工商银行电子银行章程》《中国工商银行电子银行企业客户服务协议》及有关介绍材料。
>
> 2. 准备申请材料。《网上银行企业客户注册申请表》《企业或集团外常用账户信息表》《企业贷款账户信息表》《客户证书信息表》和《分支机构信息表》等表格可向开户银行索取。
>
> 3. 不同银行对申请材料的要求会有所差异。

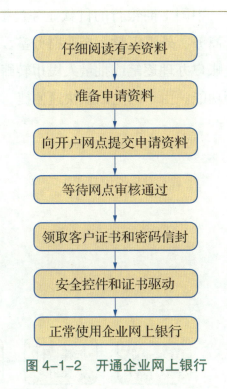

图4-1-2　开通企业网上银行

二、登录网上银行

网上银行有普及版和证书版两种登录形式。登录普及版能查询账面余额，而登录证书版除了查询余额以外，还可以进行网上汇款业务办理，因此企业多选择证书版登录网上银行。

1. 普及版

首先进入中国工商银行网站主页，然后选择"企业网上银行登录"，再选择"企业网上银行普及版"登录，依次输入卡号、密码和验证码，点击"登录"进入。在使用完毕后，点击"安全退出",以确保账户安全。

2. 证书版

首先进入中国工商银行网站主页,然后选择"企业网上银行登录",插入企业网上银行证书,选择"U盾登录企业网上银行",选择证书,依次输入证书密码。点击"确定"进入。同样地,在使用完毕后,点击"安全退出",拔出客户证书以确保账户安全。

三、收付款业务

网上银行的业务服务功能强大,以中国工商银行为例,有账户管理、结算服务、信贷业务、投资理财、安全服务等功能。其中结算服务中的收款业务和付款业务是企业日常活动中所发生的经常性业务。收款业务可以提供自动收款、批量扣企业、批量扣个人、在线缴费商户等服务。

中国工商银行的付款业务包括网上汇款(如图4-1-3所示)、向证券登记公司汇款、电子商务、外汇汇款、企业财务室、在线缴费等功能。网上汇款是向全国范围内各家银行的企业账户办理逐笔或批量人民币转账汇款的业务,主要包括提交指令、查询指令、收款人名册等功能。由于网上汇款快速便捷,无时空限制,是企业经常使用的业务功能。

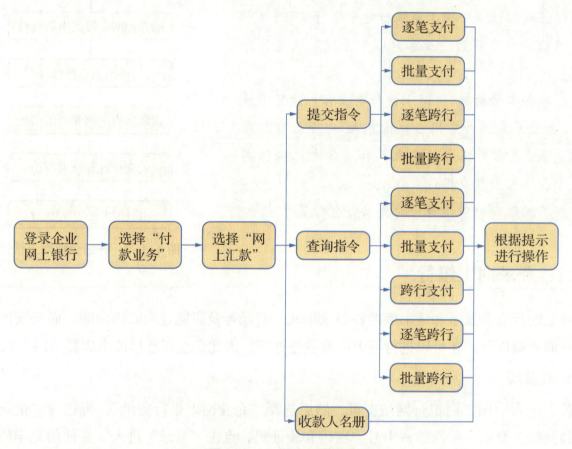

图4-1-3 网上汇款业务

> **提示:**
> 　1. 逐笔支付是指逐笔提交网上汇款交易指令,逐笔支付款项。
> 　2. 批量支付是指提交批量支付文件,同时向多个账户进行网上汇款。
> 　3. 批量跨行是指银行将根据同城票据交换系统处理提交的批量跨行汇款指令,批量跨行支付款项。

任务实施

出纳员李小玲完成网上汇款逐笔支付流程如图 4-1-4 所示。

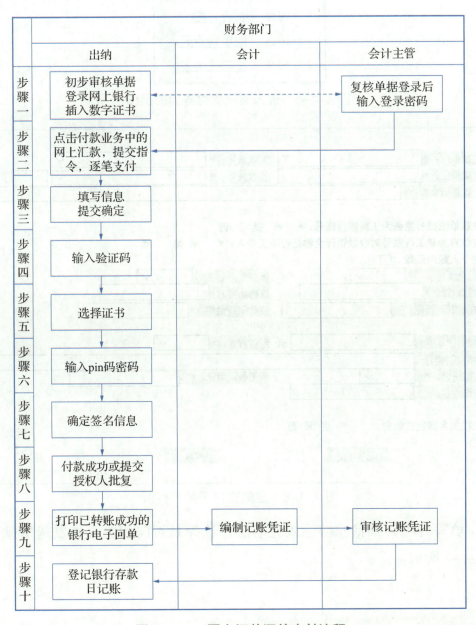

图 4-1-4　网上汇款逐笔支付流程

步骤一：登录企业网上银行，进入企业网上银行界面。

步骤二：点击"付款业务"，选择"网上汇款"业务下的"提交指令"。点击"逐笔支付"，交易区进入逐笔支付页面，如图4-1-5、图4-1-6所示。

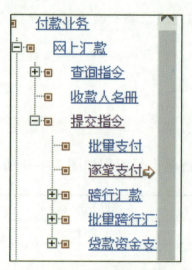

图 4-1-5　进入逐笔支付界面的操作

汇款单位：*		汇款账号：*	
收款单位：*		收款账号：*	
汇款银行全称：*			

收款单位账号是否为工商银行账号：* ● 是 ○ 否
收款方为非工行账号时收款银行全称是否手工录入：* ● 是 ○ 否
向个人账户汇款 □

省：*		市：*	
收款单位：*		收款账号：*	
收款银行/行别：*		收款银行全称：*	

金额：*	元	汇款方式：*	
金额（大写）：			
汇款用途：*		手工录入用途：*	
备注：			

向相关人员发送信息： ○ 是 ● 否

[确定]　　[取消]

图 4-1-6　逐笔支付子菜单页面

步骤三：填写各项详细信息。输入完毕后，选择是否向相关人员发送信息，点击"确定"，如图4-1-7所示。

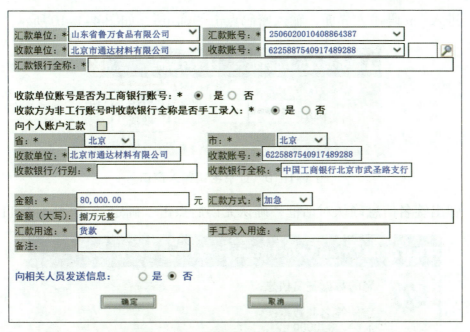

图 4-1-7 逐笔支付详细信息页面

> 提示：
> 对于收款方是中国工商银行账户的，如果要求实时到账，汇款方式应选择"加急"。

步骤四： 核对无误后输入验证码，点击"确定"，如图 4-1-8 所示。

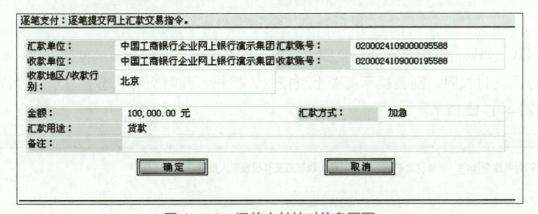

图 4-1-8 逐笔支付核对信息页面

步骤五： 弹出签名证书选择对话框，在列表中选择证书，点击"确定"，如图 4-1-9 所示。

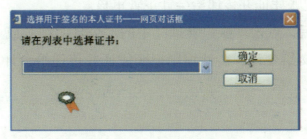

图 4-1-9 选择证书窗口

步骤六： 进入 pin 码输入界面，输入密码点击"确定"，如图 4-1-10 所示。

图 4-1-10 证书密码输入窗口

步骤七： 弹出签名信息确认对话框，确认无误后点击"确定"，如图 4-1-11 所示。

图 4-1-11 签名信息确认窗口

步骤八： 如果付款金额在授权范围内，确认证书无误后，即会显示付款成功。如果付款金额超过了支付权限，则会提示需要上级授权人授权，此时交易状态会显示"等待买家付款"，如图 4-1-12 所示。

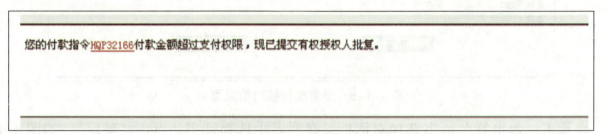

图 4-1-12 等待授权付款窗口

步骤九： 会计编制记账凭证并传递给会计主管审核。

付款指令成功提交后，点击"账户管理"中的"今日明细"或"历史明细"，可打印出已转账成功的电子回单交给会计，会计编制记账凭证并传递给会计主管审核，如图 4-1-13 所示。

中国工商银行 网上银行电子回单

电子回单号码：77735245519

付款人	户　名	山东省鲁万食品有限公司	收款人	户　名	北京市通达材料有限公司
	账　号	250602001040886 4387		账　号	6225887540917489288
	开户银行	中国工商银行济南利华支行		开户银行	中国工商银行北京市武圣路支行

金　额	人民币（大写）：捌万元整		¥80,000.00 元
摘　要	汇款	业务种类	
用　途	预付货款		
交易流水号	718792613 33561	时间戳	

备注：

加急

验证码：13109442

记账网点	610	记账柜员	298	记账日期	2021年9月15日

打印日期：　2021年9月15日

图 4-1-13　打印的网上银行电子回单

步骤十：出纳员登记银行存款日记账。

> **提示：**
> 1. 会计主管必须对出纳员划款全过程进行监督，直至划款完毕，退出网银系统。
> 2. 出纳员所使用的计算机作为办理网银业务的专用机器，必须安装防火墙及杀毒软件，每周至少进行两次全盘病毒查杀。除处理日常工作外，不得使用该机器玩网络游戏、登录不良网站，任何人不得擅自下载网络资源存储于该计算机上。
> 3. 出纳员只能利用网银账户办理供应商付款、员工薪资发放等公司授权范围内的资金支付业务，不得私自利用公司网银账户进行私人款项的拆借、挪用。

任务4.2　支付宝收付款业务

任务描述

2021年9月17日，会计主管林国昌告诉出纳员李小玲，互联网的发达使现在的支付手段变得多种多样。其中支付宝不仅向个人提供服务，也提供给企业专业化的财务管理和资金结算服务。正好当日通过支付宝账户转账给北京惠龙家具商贸有限责任公司（简称"北京惠龙公司"）货款666元，如表4-2-1所示。出纳员李小玲需完成以下任务：

1. 登录企业支付宝账户；

2. 转账给北京惠龙家具商贸有限责任公司货款666元。

表 4-2-1　北京惠龙公司企业信息

企业名称	北京惠龙家具商贸有限责任公司
开户银行	中国银行北京市朝阳支行
银行账号	73815294363147
地址及电话	北京市朝阳区诺阳路 042 号 010-81394836

知识准备

支付宝是国内领先的第三方支付平台，致力于提供"简单、安全、快速"的支付解决方案。支付宝主要提供支付及理财服务，包括网购担保交易、网络支付、转账、信用卡还款、手机充值、水电煤缴费、个人理财等多个领域，在进入移动支付领域后，为零售百货、电影院线、连锁商超和出租车等多个行业提供服务，还推出了余额宝等理财服务。

一、注册支付宝账户

支付宝账户分为个人和公司两种类型。根据需要慎重选择账户类型，公司类型的支付宝账户一定要有公司银行账户与之匹配，并且账户类型是不能修改的。

注册企业账户分为创建账户、填写账户信息、企业实名认证和注册成功四步。

个人账户注册可以通过支付宝网站或者手机支付宝 APP 注册。通过支付宝网站注册时可以用手机号码也可以用邮箱注册。

二、支付宝添加银行账户的方法

支付宝添加银行账户类似于到柜台开通银行账户。通过支付宝添加银行账户大大节省了时间成本，提高了工作效率。其方法是：

（1）登录支付宝账户，点击"账户管理"，进入银行账户，选择"添加银行账户"；

（2）选择确认银行账号、开户银行、所在地区、支行名称等，确认完毕即添加成功。

三、支付宝收付款

支付宝收款功能。首先，进入支付宝首页登录"企业支付宝"；然后进入"应用中心"，选择"所有应用"，点击收款主页；收款主页里有一个红框链接，点击这个链接就会转到收款主页。如果想收款，直接复制这个链接给相应公司或人员。

支付宝的付款功能，可以通过"付钱"生成付款码实现。但是付款码只能用于线下付款使用，因此支付宝的付款功能主要体现在"转账"上，即将款项转到支付宝的账户或银行卡上。

四、支付宝充值、提现

1. 支付宝充值

就是把公司在银行的资金通过网上银行转到企业支付宝账户里。首先，登录支付宝账户，选择"充值"业务；其次，选择充值方式并输入充值金额；最后，在网银页面内完成充值。充值限额以在银行设置的限额为准。

2. 支付宝提现

支付宝提现是提供将企业支付宝账户的可提现余额提取到和支付宝账户认证名一致的银行账户的功能。

任务实施

出纳员李小玲转账给北京惠龙公司货款流程如图 4-2-1 所示。

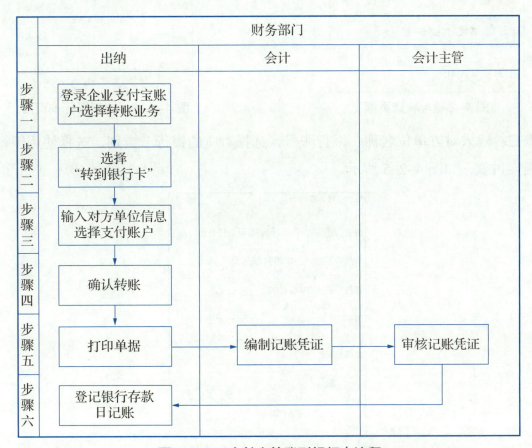

图 4-2-1　支付宝转账到银行卡流程

步骤一： 登录企业支付宝账户，选择"转账"，如图 4-2-2 所示。

图 4-2-2 选择"转账"

步骤二： 点击主页的转账，系统自动跳转到转账页面，选择"转到银行卡"，如图 4-2-3、图 4-2-4 所示。

图 4-2-3 转账页面

图 4-2-4 转到银行卡页面

步骤三： 输入对方单位名称、银行账号，选择对应的银行卡类别，选择使用银行卡或支付宝余额宝付款，如图 4-2-5 所示。

图 4-2-5 输入对方单位账户信息等

步骤四：确认转账。转账成功后给收款人发送手机短信。需要注意的是，备注可添加也可以不添加，如图4-2-6、图4-2-7所示。

图4-2-6 确认转账

图4-2-7 转账完成的账单详情

步骤五：会计编制记账凭证并传递给会计主管审核。

出纳员打印支付单据交给会计，会计据以编制记账凭证并传递给会计主管审核。

步骤六：出纳员登记银行存款日记账。

出纳员根据会计主管审核后的记账凭证，登记银行存款日记账。

> **提示：**
> 1. 一般2个小时以内，系统自动提示转账成功。如果没有转账成功，资金将原路退回。
> 2. 支付宝转账除了转账到银行卡，还可以转账到支付宝账户，操作是基本相同的。

任务4.3 微信收付款业务

任务描述

2021年9月，在出纳员李小玲工作了一段时间后，会计主管林国昌发现李小玲工作认真负责，积极进取。于是对李小玲说："现在互联网技术日新月异，给我们会计人员也带来了方便。除了网上银行、支付宝外，更多的人使用微信进行款项的支付。小玲啊，你是年轻人，正好我们公司有四笔日常经济业务（如表4-3-1所示），你来学习学习如何用微信支付。"李小玲愉快地接受了任务。

表 4-3-1　2021 年 9 月部分业务

业务号	时间	业务描述
1	9 月 10 日	在网上可可商城购买打印机，花费金额 1 000.00 元
2	9 月 17 日	发给销售部门业务员电话补助，每人每月 30 元，以网上电话费充值的形式发放
3	9 月 25 日	参加秋季展销会，营销人员在自动售货机上采购 250ML 可乐 10 罐，每罐金额 2.50 元，共支付金额 25.00 元
4	9 月 28 日	网上开通微信自助商户账户，支付测试费 0.01 元

出纳员李小玲需完成以下任务：

1. 登录微信；

2. 选择微信的不同支付方式支付上述款项。

知识准备

微信（WeChat）是腾讯公司于 2011 年推出的一个为智能终端提供即时通信服务的免费应用程序。微信支持跨通信运营商、跨操作系统平台通过网络快速发送免费语音短信、视频、图片和文字；同时，也可以使用共享流媒体内容的资料和基于位置的社交插件"摇一摇""搜一搜""视频号""漂流瓶""朋友圈""公众平台""语音记事本"等服务插件。

而微信支付是集成在微信客户端的支付功能，用户可以通过手机快速完成支付流程。微信支付以绑定银行卡的快捷支付为基础，向用户提供安全、快捷、高效的支付服务。

用户只需要在微信中关联一张银行卡，并完成相应的身份认证，即可将装有微信 APP 的智能手机变成一个全能钱包，之后就可以购买合作商户的商品及服务。用户在支付时只需在自己的智能手机上录入指纹或者输入密码，无须任何刷卡步骤即可轻松完成支付，整个过程快捷、流畅、方便。

目前微信支付已实现条码支付、扫码支付、公众号支付、APP 支付，并提供企业红包、代金券、立减优惠等营销新工具，满足用户及商户的不同支付需求。

一、申请微信支付服务商

申请微信支付服务商首先要递交申请材料，其次再进行申请。

（一）申请材料

（1）微信支付服务商仅面向通过微信认证的企业类型服务号开放申请；

（2）申请资料准备：

①公司联系方式：包含联系人姓名、联系人手机号码、联系人邮箱；

②客服电话；

③公司对公账户信息：包含开户行省市信息、开户账号；

以下信息将自动从微信认证拉取，如果需要更新相关信息，可修改提供：

①营业执照信息：包含营业执照号、有效期，高清扫描件；

②组织机构代码证信息：包含组织机构代码、有效期，高清扫描件；

③业务经办人或法人证件信息：身份证或护照均可。

目前微信认证需要一次性支付费用 300 元。

（二）申请流程

微信支付服务商申请流程分为资料填写、账户验证和协议签约三个步骤，如图 4-3-1 所示。

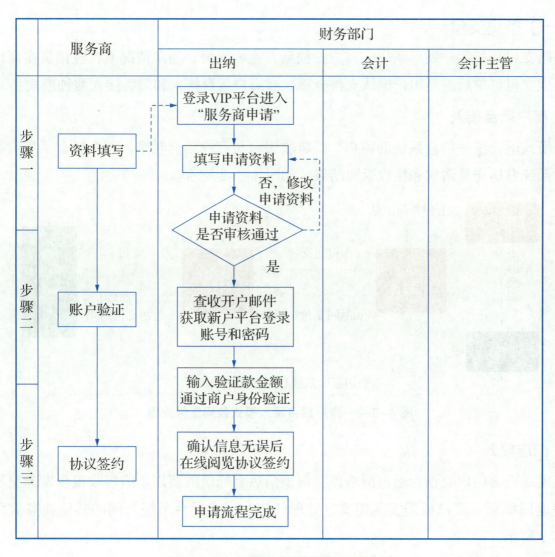

图 4-3-1　微信支付服务商申请流程

> **提示：**
> 商户资料需要与认证的商户主体一致，即认证主体与运营主体一致（填写的信息需与申请微信认证的信息一致）。

二、微信收款

企业开通微信后，拥有完备的收款能力。企业可以通过二维码向企业等客户收取货款。

三、微信支付

进行微信支付时可以采用条码支付、公众号支付、扫码支付和 APP 支付，根据业务需要及实际情况具体灵活应用。

（一）条码支付

条码支付是指用户展示条码，商户扫描后，完成支付。通常情况下，收银员在商户系统操作生成支付订单后需经用户确认支付金额，有商户后台接入和门店接入两种模式。

1. 商户后台接入

该模式适合统一后台系统的商户。门店收银台与商户后台联系，商户后台系统负责与微信支付系统发送交易请求和接收返回结果，如图 4-3-2 所示。

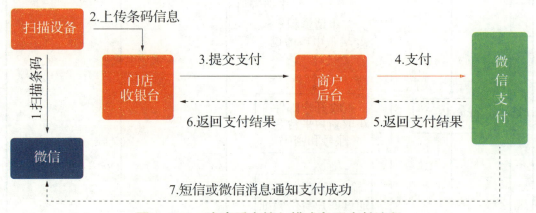

图 4-3-2　商户后台接入模式条码支付流程

2. 门店接入

该模式适合门店收银台通过网络直接与微信后台通信的商户。门店收银台发起交易请求和处理返回结果。商户根据实际需要，处理门店和商户后台系统之间的其他业务流程，如图 4-3-3 所示。

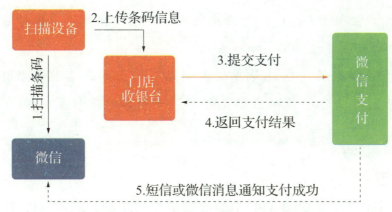

图 4-3-3　门店接入模式条码支付流程

（二）公众号支付

公众号支付是指在微信内的商家页面上完成支付。

（三）扫码支付

商户根据微信支付的规则，为不同商品生成不同的二维码展示在各种场景，用于用户扫描购买。而用户根据商户展示在各种场景的二维码进行扫描支付，如图 4-3-4 所示。

图 4-3-4　二维码扫描支付

> 🔄 **相关政策法规**
>
> 　　2017 年年底，央行发布《中国人民银行关于印发 < 条码支付业务规范（试行）> 的通知》，配套印发《条码支付安全技术规范（试行）》和《条码支付受理终端技术规范（试行）》。自 2018 年 4 月 1 日起，央行制定的《条码支付业务规范（试行）》中对条码支付方式进行了分级限额管理，总共制定了 4 种不同状态下的二维码支付风险防范等级标准。

　　1. 风险防范能力达到 A 级，即采用包括数字证书或电子签名在内的两类（含）以上有效要素对交易进行验证的，可与客户通过协议自主约定单日累计限额；

　　2. 风险防范能力达到 B 级，即采用不包括数字证书、电子签名在内的两类（含）以上有效要素对交易进行验证的，同一客户单个银行账户或所有支付账户单日累计交易金额应不超过 5 000 元；

　　3. 风险防范能力达到 C 级，即采用不足两类要素对交易进行验证的，同一客户单个银行账户或所有支付账户单日累计交易金额应不超过 1000 元；

4.风险防范能力达到 D 级，即使用静态条码的，同一客户单个银行账户或所有支付账户单日累计交易金额应不超过 500 元。

其中风险防范为 D 级的，也就是我们看到贴在墙上的或者摆在收银台前的二维码。无论采取指纹验证支付或者是密码验证支付，同一个客户单日累计交易金额都不能超过 500 元。

（四）APP 支付

APP 支付适用于商户在移动端 APP 中集成微信支付功能。商户 APP 调用微信支付模块，商户 APP 会跳转到微信中完成支付，支付完后跳回到商户 APP 内，最后展示支付结果。目前微信支付支持的手机系统有：IOS（苹果）、Android（安卓）和 WP（Windows Phone），如图 4-3-5、图 4-3-6 所示。

图 4-3-5　商户 APP 完成订单准备支付

图 4-3-6　商户 APP 跳转到微信中完成支付

任务实施

（1）出纳员李小玲采用条码支付方式，支付打印机设备采购款 1 000 元，流程如图 4-3-7 所示。

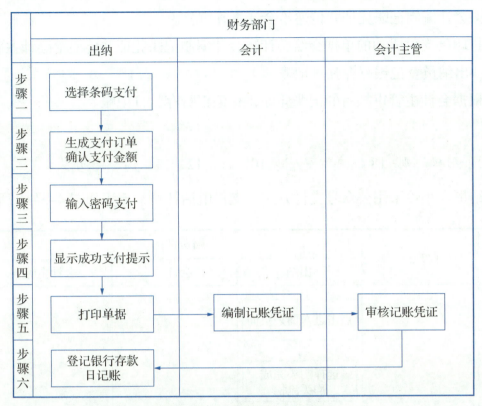

图 4-3-7　条码支付流程图

步骤一： 打开微信进入"我"，选择"钱包"下的"收付款"条码界面，选择条码方式支付款项。

步骤二： 生成支付订单，用户确认支付金额。

步骤三： 商户收银员用扫码设备扫描用户的条形码或二维码，商户收银系统提交支付。

步骤四： 微信支付后台系统收到支付请求，根据验证密码进行支付。支付成功后微信端会弹出成功页面，支付失败会弹出错误提示，如图 4-3-8、图 4-3-9 所示。

图 4-3-8　输入密码支付

图 4-3-9　支付成功后页面提示

步骤五：会计编制记账凭证并传递给会计主管审核。

出纳员打印已支付成功的单据交给会计，会计编制记账凭证并传递给会计主管审核。

步骤六：出纳员登记银行存款日记账。

出纳员根据会计主管审核后的记账凭证，登记银行存款日记账。

提示：

用户刷条形码规则：18位纯数字，以10、11、12、13、14、15开头。

（2）出纳员李小玲采用公众号支付方式，支付电话补贴，流程如图4-3-10所示。

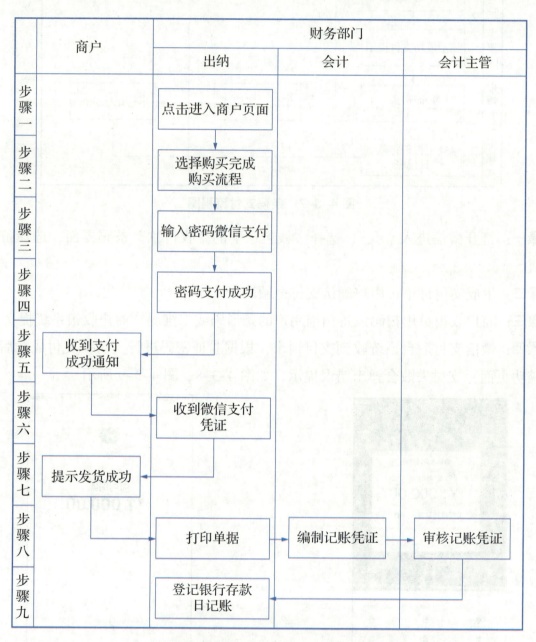

图4-3-10 公众号支付流程图

步骤一： 用户点击进入商户网页，如图 4-3-11 所示。

步骤二： 进入商户网页，用户选择购买，完成选购流程，如图 4-3-12 所示。

图 4-3-11　商户网页下单

图 4-3-12　确认微信支付请求

步骤三： 输入支付密码使用微信支付，如图 4-3-13 所示。

步骤四： 密码验证通过，支付成功。商户后台得到支付成功的通知，如图 4-3-14 所示。

图 4-3-13　输入密码确认支付

图 4-3-14　支付成功提示

步骤五： 商户页面购买成功提示，如图 4-3-15 所示。

步骤六： 微信支付公众号下发微信支付凭证，如图 4-3-16 所示。

图 4-3-15　商户页面购买成功提示

图 4-3-16　用户收到微信通知

步骤七： 商户公众号下发消息，提示发货成功。

步骤八： 会计编制记账凭证并传递给会计主管审核。

出纳员打印已支付成功的单据交给会计，会计编制记账凭证并传递给会计主管审核。

步骤九： 出纳员登记银行存款日记账。

出纳员根据会计主管审核后的记账凭证，登记银行存款日记账。

> **提示：**
> 商户也可以把商品网页的链接生成二维码，通过扫一扫二维码完成购买支付。

（3）出纳员李小玲采用微信扫码方式支付自动售货机可乐款，流程如图 4-3-17 所示。

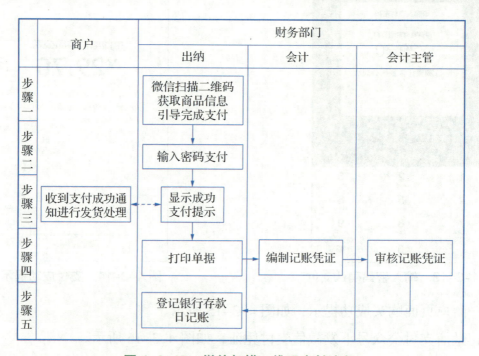

图 4-3-17　微信扫描二维码支付流程

步骤一：出纳员使用微信"扫一扫"扫描二维码后，获取商品支付信息，引导完成支付，如图4-3-18、图4-3-19、图4-3-20所示。

图4-3-18　支付二维码

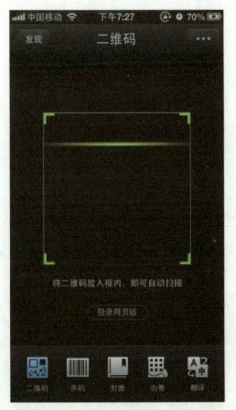

图4-3-19　打开微信扫一扫二维码

图4-3-20　确认支付页面

步骤二：输入支付密码支付。

步骤三：支付完成后会提示用户支付成功，商户后台得到支付成功的通知进行发货处理。

步骤四：会计编制记账凭证并传递给会计主管审核。

出纳员打印已支付成功的单据交给会计，会计编制记账凭证并传递给会计主管审核。

步骤五：出纳员登记银行存款日记账。

出纳员根据会计主管审核后的记账凭证，登记银行存款日记账。

（4）出纳员李小玲采用 APP 方式支付自助商户测试费 0.01 元，流程如图 4-3-21 所示。

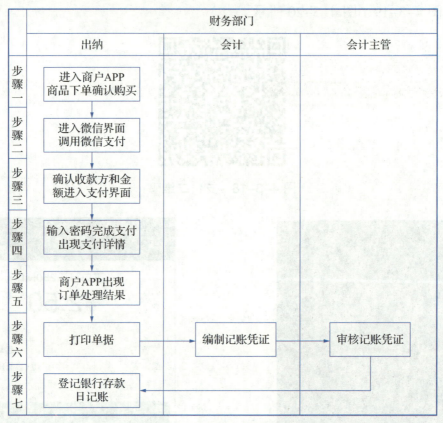

图 4-3-21　APP 支付流程图

步骤一：出纳员进入商户 APP，选择商品下单、确认购买，进入支付环节，如图 4-3-22 所示。

步骤二：点击后发起支付操作，进入微信界面，调用微信支付，出现确认支付界面，如图 4-3-23 所示。

图 4-3-22　商户 APP 界面实例

图 4-3-23　跳转到微信支付界面

步骤三：确认收款方和金额，点击立即支付后出现输入密码界面，可选择零钱或银行卡支付，如图4-3-24。

步骤四：输入正确密码后，支付完成，微信端出现支付详情页面，如图4-3-25所示。

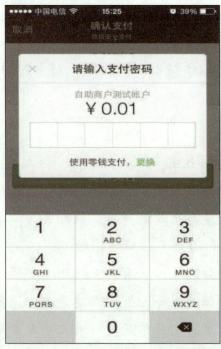

图4-3-24　用户确认支付界面

图4-3-25　支付完成界面

步骤五：商户APP根据支付结果显示订单处理结果，如图4-3-26所示。

步骤六：会计编制记账凭证并传递给会计主管审核。

出纳员打印已支付成功的单据交给会计，会计编制记账凭证并传递给会计主管审核。

步骤七：出纳员登记银行存款日记账。

出纳员根据会计主管审核后的记账凭证，登记银行存款日记账。

图4-3-26　返回到商户APP提示支付成功

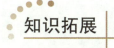

知识拓展

微信除了具有上述四种支付功能外，还具有刷脸支付和转账功能。

刷脸支付虽然节省时间、解放双手，但是很多人担心刷脸支付会泄露自己的信息、存在安全隐患。而这些目前随着技术、算法的进步其实都可以将错误率降到最低。

用户不同，转账限额不同，付款方实名用户，日限额 200 000 元，月限额无限制；未实名用户，日限额 1 000 元，月限额 2 000 元。收款方实名用户，日限额无限制，月限额无限制；未实名用户，日限额 3 000 元，月限额无限制。需要注意的是，付款方未实名用户的日限额与月限额消费包括微信支付所有的消费额度。如发红包支付使用额度为 1 000 元，如果日限额已全部使用完，将无法再进行其他支付消费，比如转账等。

2016 年 3 月 1 日起，微信支付对转账功能停止收取手续费。同日起，对个人用户的微信零钱提现功能开始收取手续费。

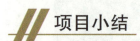 知识链接

个人微信和企业微信的区别

1. 申请注册信息登记的区别。企业订阅号申请时，必须填写企业的相关资料，比如公司名称、营业执照注册号等。而个人订阅号所填资料是与个人的身份认证相关的，比如身份证名字、身份证号码等。这些信息必须要真实填写，否则无法审核通过。

2. 账号类型升级的区别。微信公众号分服务号和订阅号，只有企业组织之类的才可以申请服务号。服务号每个月只可以发一条群发消息，但是服务号可以自建菜单，设置三个菜单导航，每个菜单下面有五个子导航，可以最大限度将企业信息通过纯文字或者图文消息放上去。企业订阅号可以直接升级为服务号，通过公众号升级服务就可以进行升级。而个人订阅号是无法升级为服务号的。

项目小结

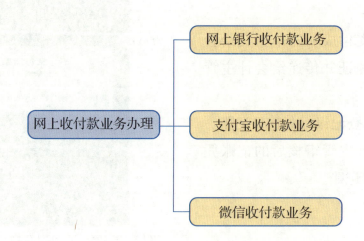

考核评价

本项目考核采用百分制，采取过程考核与结果考核相结合的原则，注重技能考核。

过程考核/40%				结果考核/60%	
职业态度	组织纪律	学生互评	实训练习	考核序号	分值
根据学生课堂表现，采取扣分制	考勤与课堂纪律	小组内同学互评，组间互评	教师根据学生提交的实训报告情况进行评价	开通网上银行	10
				网上银行付款	10
				注册支付宝账户	10
				支付宝转账	10
				申请微信支付服务商	10
				微信支付	10

其他业务

学习目标

1. 熟练掌握现金盘点业务操作；
2. 熟练掌握银行对账业务及银行存款余额调节表的编制；
3. 熟练掌握月末对账与结账工作；
4. 熟练掌握资金报表的编制。

出纳员在日常经济活动中，除了要熟练掌握库存现金收支业务、银行存款收支业务，还有一些其他业务也是必须要掌握的。

任务 5.1　现金盘点业务

任务描述

2021 年 9 月 17 日，一天的工作即将结束，出纳员李小玲着急下班回家，会计主管林国昌说："小玲，你进行现金盘点了吗？"李小玲说："哎呀，对不起，我忘记盘点了，我现在马上进行现金盘点。"林国昌说："好的。出纳工作一定要日清日结，每天都要进行现金盘点和对账，这样才可以及时发现问题。"当天库存现金日记账账面余额为 16 131.56 元，

如图 5-1-1 所示。出纳员李小玲应完成如下任务：

1. 清理收支业务，核对是否正确登记现金日记账；

2. 准确盘点现金并填制库存现金盘点表；

3. 将库存现金实际库存数与现金日记账账面余额进行核对，确保账实相符。

2021 年		凭证编号	摘　要	对应科目	借方 千百十万千百十元角分	贷方 千百十万千百十元角分	借或贷	余额 千百十万千百十元角分
月	日							
9	17		期初余额				借	1163150
9	17	8	收到货款		1000000		借	2163150
9	17	9	购买打印纸			50000	借	2113150
9	17	12	职工借款			500000	借	1613150
			本日合计		1000000	550000	借	1613150

库存现金日记账　　15

图 5-1-1　库存现金日记账

知识准备

现金是单位流动性最强的一项资产。为了单位财产物资的安全完整，保证会计核算资料的客观真实，各单位应该对现金进行日常盘点和清查审核。

出纳员每天至少要对库存现金进行一次盘点，盘点时间应安排在一天业务开始之前或一天业务结束之后。现金盘点一般采用实地盘点法，将库存现金实存数与库存现金日记账账面余额进行核对，确保账实相符。通常情况下，造成库存现金账实不符的原因如图 5-1-2 所示。

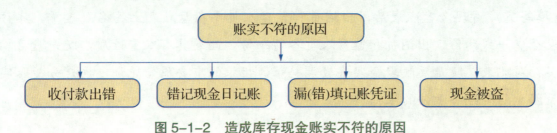

图 5-1-2　造成库存现金账实不符的原因

现金盘点中发现有待查明原因的现金溢余称长款。所谓长款，指现金实存数大于账存数。如果经查明长款属于记账错误、丢失单据等，应及时更正错账或补办手续；如果属于少付他人则应查明退还原主，如果确实无法退还，经过一定的审批手续可以作为单位的收益。

现金盘点中发现有待查明原因的现金短缺称短款。所谓短款，是指现金实存数小于账面余额。如查明属于记账错误应及时更正错账；如果属于出纳员工作疏忽或业务水平问题，一般应按规定由过失人赔偿。

盘点库存现金时，一般由出纳员进行盘点，现金应逐张清点，会计主管或财务经理监盘，并填写库存现金盘点表，格式如图5-1-3所示。

库 存 现 金 盘 点 表

年　月　日　　　　　单位:元

票面额	张数	金额	票面额	张数	金额
壹佰元			伍　角		
伍拾元			贰　角		
贰拾元			壹　角		
拾　元			伍　分		
伍　元			贰　分		
贰　元			壹　分		
壹　元			合　计		
现金日记账账面余额					
差额：					
处理意见：					

审批人(签章)：　　　　　　监盘人(签章)：　　　　　　盘点人(签章)：

图5-1-3　库存现金盘点表格式

> 🔄 **知识链接**
> ·现金盘点时，应查明有无以"白条"抵充现金、有无私自挪用公款、有无私人财物存放行为，现金库存有无超过银行核定的限额、有无坐支现金等现象。
> ·填写完库存现金盘点表后，出纳员和监盘人员要在盘点表上签名或盖章。库存现金盘点表至少一式两份，出纳员和监盘人员各留一份。此表具有双重性质，既是盘存单又是账存实存对比表，既是反映现金实存数调整账簿记录的重要原始凭证，也是分析账实发生差异原因、明确经济责任的依据。

任务实施

出纳员李小玲办理库存现金盘点业务，以会计主管监盘为例，流程如图5-1-4所示。

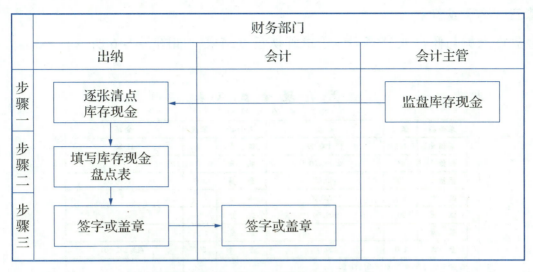

图 5-1-4　库存现金盘点业务流程

步骤一： 现金盘点。

盘点时，出纳人员必须在场，现金应逐张点清，如发现长、短款，必须会同会计人员核实清楚。

现金盘点一般是根据面额大小依次清点，逐张点清，记录金额，汇总合计金额。2021年9月17日出纳员李小玲的盘点结果为：壹佰元面额的121张，¥12 100；伍拾元面额的44张，¥2 200；贰拾元面额的20张，¥400；壹拾元面额的119张，¥1 190；伍元面额的20张，¥100；壹元面额的120张，¥120；伍角面额的23张，¥11.50；壹角面额的100张，¥10。合计金额16 131.50元。

步骤二： 填写库存现金盘点表。

根据库存现金日记账及当日库存现金盘点结果，填写库存现金盘点表，如图5-1-5所示。

库存现金盘点表

2021 年 09 月 17 日　　　　　单位:元

票面额	张数	金额	票面额	张数	金额
壹佰元	121	12,100.00	伍　角	23	11.50
伍拾元	44	2,200.00	贰　角		
贰拾元	20	400.00	壹　角	100	10.00
拾　元	119	1,190.00	伍　分		
伍　元	20	100.00	贰　分		
贰　元			壹　分		
壹　元	120	120.00	合　计	567	¥16,131.50

现金日记账账面余额:¥16,131.50

差额:¥0.00

处理意见：

审批人(签章):　　　　　　监盘人(签章):　　　　　　盘点人(签章):

图 5-1-5　库存现金盘点表（签字前）

步骤三: 签字或盖章。

现金盘点人员与监盘人员签字或盖章确认盘点结果,如图 5-1-6 所示。

库 存 现 金 盘 点 表

2021 年 09 月 17 日　　　　　　　　单位:元

票面额	张数	金额	票面额	张数	金额
壹佰元	121	12,100.00	伍角	23	11.50
伍拾元	44	2,200.00	贰角		
贰拾元	20	400.00	壹角	100	10.00
拾元	119	1,190.00	伍分		
伍元	20	100.00	贰分		
贰元			壹分		
壹元	120	120.00	合计	567	¥16,131.50

现金日记账账面余额:¥16,131.50

差额:¥0.00

处理意见:
无

审批人(签章):　　　　　　　监盘人(签章):林国昌　　　　　　盘点人(签章):李小玲

图 5-1-6　库存现金盘点表(签字后)

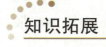

知识拓展

现金盘点长短款的处理

现金的盘盈盘亏,究其原因有人为的责任性差错,也有事故性、技术性差错。处理时,要区别对待。对于一贯按制度办事,工作认真负责,只是由于一时技术操作不慎而造成的长款或短款,如果金额较少,可在教育本人的基础上按"长款归公,短款报损"的原则处理;对于一时查不清原因的差错,经领导批准后,可将多余或短款的现金列入"待处理财产损溢"账户挂账,查明原因后再做处理。对于因出纳人员工作不认真造成的短款,无论金额大小,都要由出纳人员个人赔偿,并要对其加强教育,必要时可将其调离出纳岗位;对于玩忽职守、违反纪律、有章不循等原因造成的重大责任性差错,应追究失职者的经济责任,给予适当的处分,数额较大、影响严重的,应追究法律责任。

一、现金盘点长款的处理

2021 年 9 月 7 日,出纳员李小玲现金盘点结果为:现金日记账账面余额 6 107.20 元,库存现金实存数 6 207.20 元,现金长款 100 元。填写库存现金盘点表,如图 5-1-7 所示。

图 5-1-7　库存现金盘点表

由于无法查明现金长款原因，经领导审批后现金长款转做营业外收入处理，如图 5-1-8 所示。

图 5-1-8　库存现金盘点表（审批后）

二、现金盘点短款的处理

现金盘点短款业务处理流程同现金长款业务处理流程。

> **提示：**
> 会计根据库存现金盘点原始材料填制记账凭证，出纳员根据记账凭证登记现金日记账。

实战演练

山东华强公司是一家加工型企业，公司全称为"山东华强股份有限公司"。开户银行：中国工商银行山东支行，账号：3735648975121，公司法人为张亮，出纳员为王丽丽，身份证号码371012197806031226，会计为陈国强，会计主管为宋文。

请按照表5-1-1准备各种面额的点钞纸，进行盘点。2021年9月8日，出纳员王丽丽现金盘点结果为：现金日记账账面余额5 679元，实存现金5 700元。

要求：请根据以上资料，填写库存现金盘点表，如图5-1-9所示。

表5-1-1 库存现金实存明细表

票面额	100	50	20	10	5	2	1
张数	20	20	60	130	30	5	40

库 存 现 金 盘 点 表

年   月   日   单位：元

票面额	张数	金额	票面额	张数	金额
壹佰元			伍　角		
伍拾元			贰　角		
贰拾元			壹　角		
拾　元			伍　分		
伍　元			贰　分		
贰　元			壹　分		
壹　元			合　计		
现金日记账账面余额					
差额：					
处理意见：					

审批人（签章）：　　　　　监盘人（签章）：　　　　　盘点人（签章）：

图5-1-9 库存现金盘点表

任务 5.2 银行对账业务

任务描述

转眼间，李小玲从事出纳工作已经一个月了，在这一个月里，李小玲非常勤奋、刻苦，对工作认真负责。库存现金和银行存款都做到了日清月结。今天是 2021 年 9 月 30 日，到了月末了，出纳员还有什么工作要做呢？对，还需要和开户银行对账。鲁万公司 2021 年 9 月份银行存款日记账如图 5-2-1 所示。出纳员李小玲需完成如下任务：

1. 对银行存款日记账进行复核；

2. 打印或领取银行对账单；

3. 对账；

4. 编制银行存款余额调节表。

开户行：中国工商银行股份有限公司济南利华支行
账号：2506020010408864387

银行存款日记账

2021年		记账凭证		对方科目	摘要	结算凭证		借方	贷方	借或贷	余额
月	日	字	号			种类	号码				
					承前页					借	1 250 000 00
09	05	记	4		付货款	支票	78653		800 000 00	借	450 000 00
09	11	记	9		广告费	支票	78654		50 000 00	借	400 000 00
09	18	记	13		差旅费	支票	78655		99 500 00	借	300 500 00
09	20	记	15		电话费	支票	78656		50 000 00	借	250 500 00
09	28	记	18		收货款	委托收款	1256543	90 000 00		借	340 500 00
09	30	记	30		存现金			160 000 00		借	500 500 00
					本月合计			250 000 00	999 500 00	借	500 500 00

图 5-2-1 银行存款日记账

知识准备

为了防止记账发生差错，保证银行存款收支业务记录的正确性，查明银行存款的实际数额，企业应定期核对银行存款日记账的账目。

一、银行存款日记账

银行存款日记账是由出纳人员根据记账凭证，按时间先后顺序逐日逐笔登记的账簿。

出纳员应将每笔银行收支业务及时登记到银行存款日记账中。实现出纳电算化后，出纳员可根据银行收支业务的相关凭证，在出纳管理系统中实现银行存款日记账的登记。每日终了，应结出本日收付发生额及余额，以便掌握每日银行存款的结存数，并定期与银行转来的对账单核对，以保证账实相符。每月终了，还应结出本月收付发生额及余额，并与总账核对，以保证账账相符。

银行存款日记账格式如图 5-2-2 所示。

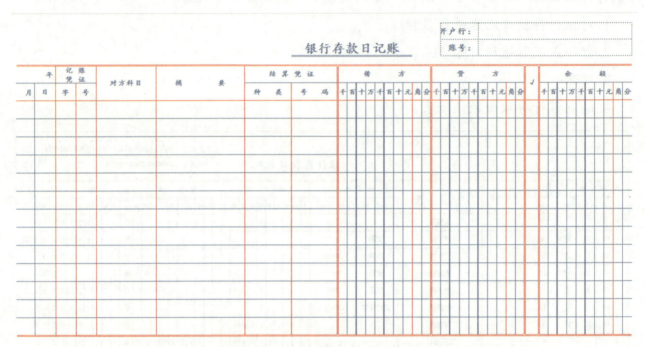

图 5-2-2　银行存款日记账格式

二、银行对账单

银行对账单是指银行客观记录企业资金流转情况的记录单。就其概念来说，银行对账单反映的主体是银行和企业，反映的内容是企业的资金，反映的形式是对企业资金流转的记录。就其用途来说，银行对账单是银行和企业之间对资金流转情况进行核对和确认的凭单。就其特征来说，银行对账单具有客观性、真实性、全面性等基本特征。

银行对账单格式如图 5-2-3 所示。

图 5-2-3　银行对账单格式

三、未达账项

未达账项是指企业与银行之间，对同一项经济业务由于凭证传递上的时间差所形成的一方已登记入账，而另一方因未收到相关凭证，尚未登记入账的事项。

未达账项主要是因为企业和银行收到结算凭证的时间不一致所产生的。比如，企业委托银行向外地某单位收款，银行收到对方支付款项的结算凭证后，就记账增加企业的银行存款，再将结算凭证传递给企业，企业在收到结算凭证后再记录增加自己账上的银行存款。在银行收到结算凭证至企业收到结算凭证期间，就形成了未达账项。

企业和银行之间可能会发生以下四个方面的未达账项：

一是银行已经收款入账，而企业尚未收到银行的收款通知因而未收款入账的款项（银行已收而企业未收），如委托银行收款等。

二是银行已经付款入账，而企业尚未收到银行的付款通知因而未付款入账的款项（银行已付而企业未付），如借款利息的扣付、托收承付等。

三是企业已经收款入账，而银行尚未办理完转账手续因而未收款入账的款项（企业已收而银行未收），如收到外单位的转账支票等。

四是企业已经付款入账，而银行尚未办理完转账手续因而未付款入账的款项（企业已付而银行未付），如企业已开出支票而持票人尚未向银行提现或转账等。

四、银行存款余额调节表

银行存款余额调节表，是在银行对账单余额与企业银行存款日记账账面余额的基础上，各自加上对方已收、本单位未收账项数额，减去对方已付、本单位未付账项数额，以调整双方余额使其一致的一种调节方法。银行存款余额调节表格式如图 5-2-4 所示。

银行存款余额调节表

编制单位：　　　　　　　　　　　年　　月　　日止　　　　　　　　单位：元

项目	金额	项目	金额
企业银行存款日记账余额		银行对账单余额	
加：银行已收、企业未收的款项合计		加：企业已收、银行未收的款项合计	
减：银行已付、企业未付的款项合计		减：企业已付、银行未付的款项合计	
调节后余额		调节后余额	

图 5-2-4　银行存款余额调节表格式

在编制银行存款余额调节表时，调节公式如下：

银行存款日记账账面余额 + 银行已收企业未收的款项 − 银行已付企业未付的款项 = 银行对账单余额 + 企业已收银行未收的款项 − 企业已付银行未付的款项

任务实施

出纳员李小玲办理银行对账业务流程如图 5-2-5 所示。

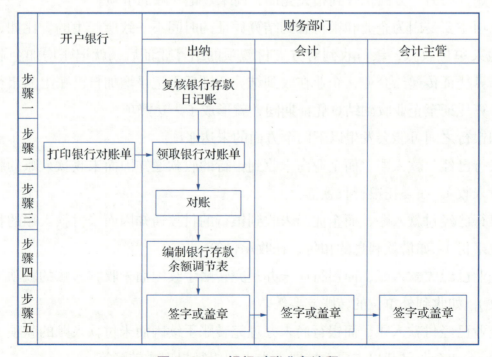

图 5-2-5　银行对账业务流程

步骤一： 出纳员对银行存款日记账进行检查复核。

保证账簿记录完整、正确。

步骤二： 出纳员到开户银行打印或领取银行对账单（如图 5-2-6 所示）。

中国工商银行股份有限公司济南利华支行

户名：　山东省鲁万食品有限公司　　　　　　　　　　　　第　1　页

账号：　2506020010408864387　　　2021 年　09 月　30 日止　　　利率：　　　%

日期	摘要	结算凭证		借方	贷方	余额
		种类	号数			
	承上期余额					124,960.00
2021年09月07日	货款	支票	78653	80,000.00		44,960.00
2021年09月11日	广告费	支票	78654	41,000.00		3,960.00
2021年09月18日	差旅费	支票	78655	955.00		3,005.00
2021年09月25日	货款	委托收款			2,000.00	5,005.00
2021年09月28日	管理费	代扣	1235789	500.00		4,505.00
2021年09月30日	存现金				1,600.00	6,105.00
	本页合计			122,455.00	3,600.00	6,105.00

图 5-2-6　银行对账单

步骤三： 对账。

出纳员将银行对账单与银行存款日记账进行核对。

核对时，需对凭证的种类、编号、摘要、记账方向、金额、记账日期等内容进行逐项核对。

从银行存款日记账的第一笔开始，到银行对账单中查找。如能找到，则两边账簿的同一笔业务做相同的记号（如打√）；如找不到对应的业务，则不做记号；最后，凡是没有做记号的就是未达账项。

步骤四： 编制银行存款余额调节表，如图 5-2-7 所示。

银行存款余额调节表

编制单位：山东省鲁万食品有限公司　　2021 年 09 月 30 日止　　　　　　　单位：元

项目	金额	项目	金额
企业银行存款日记账余额	5 005	银行对账单余额	6,105.00
加：银行已收、企业未收的款项合计	2,000.00	加：企业已收、银行未收的款项合计	900.00
减：银行已付、企业未付的款项合计	500.00	减：企业已付、银行未付的款项合计	500.00
调节后余额	6,505.00	调节后余额	6,505.00

图 5-2-7　银行存款余额调节表

步骤五：签字或盖章。

银行存款余额调节表一般一式两份，经财务负责人复核签字后，一份由出纳员存档保管，一份交财务负责人。

> **提示：**
> 银行对账单借方发生额核对的是银行存款日记账贷方发生额，银行对账单贷方发生额核对的是银行存款日记账借方发生额（即方向相反）。

知识拓展

通过编制银行存款余额调节表进行核对调节后，"银行存款余额调节表"上双方余额相等，一般可以说明双方记账基本没有差错。如果经调节仍不相等，要么是未达账项未全部查出，要么是一方或双方记账出现差错，需要进一步采用对账方法查明原因，加以更正。调节相等后的银行存款余额是当日可以动用的银行存款实有数。

对于银行已经划账，而企业尚未入账的未达账项，要待银行结算凭证到达后，才能据以入账，不能以"银行存款余额调节表"作为记账依据。

任务 5.3　月末结账业务

任务描述

李小玲从事出纳工作以来，每天都登记现金日记账、银行存款日记账，并对库存现金进行盘点对账，定期将银行存款日记账与银行对账单进行核对。2021 年 9 月 30 日，是 9 月份的最后一天，李小玲还需要完成那些工作呢？李小玲需完成如下任务：

1. 现金日记账月末结账；

2. 银行存款日记账月末结账。

知识准备

一、结账的概念

结账，是将一定时期内发生的全部经济业务和相应的财产收支情况，定期进行汇总、整理和总结的工作；是一项将账簿记录定期结算清楚的账务工作。每个单位都必须按照有关规定，定期做好结账工作。

月末结账是以一个月为结账周期，每月月末对本月内的现金、银行存款等经济业务情况进行总结。

通过结账工作，可以对一定期间的账务工作进行结算、了结，并为总括反映财务状况、考核财务成果及编制会计报表提供资料。

结算期内发生的各项经济业务要全部入账，不能提前也不能延时结账。对于现金日记账及银行存款日记账，应当结出本期发生额和期末余额。

> **相关链接**
> • 结账，具体包括月结、季结和年结。
> • 月结是每月月末进行的结账。
> • 季结是每季度终了时进行的结账。
> • 年结是每年年末进行的结账。

二、结账的方法

（1）对不需按月结计本期发生额的账户，每次记账以后，都要随时结出余额，每月最后一笔余额是月末余额，即月末余额就是本月最后一笔经济业务记录的同一行内余额。月末结账时，只需要在最后一笔经济业务记录之下通栏画单红线，不需要再次结计余额。

（2）库存现金、银行存款日记账和需要按月结计发生额的收入、费用等明细账，每月结账时，在该月最后一笔经济业务记录下面通栏画单红线，结出本月发生额和余额，在摘要栏内注明"本月合计"字样，在下面通栏画单红线。

（3）对于需要结计本年累计发生额的明细账户，每月结账时，应在"本月合计"行下结出自年初至本月末止的累计发生额，登记在月份发生额下面，在摘要栏内注明"本年累计"

字样，并在下面通栏画单红线。12月末的"本年累计"就是全年累计发生额，全年累计发生额下通栏画双红线。

（4）总账账户平时只需结出月末余额。年终结账时，为了总括地反映全年各项资金运动情况的全貌，核对账目，要将所有总账账户结出全年发生额和年末余额，在摘要栏内注明"本年合计"字样，并在合计数下通栏画双红线。

（5）年度终了结账时，有余额的账户，应将其余额结转下年，并在摘要栏注明"结转下年"字样；在下一会计年度新建有关账户的第一行余额栏内填写上年结转的余额，并在摘要栏注明"上年结转"字样，使年末有余额账户的余额如实地在账户中加以反映，以免混淆有余额的账户和无余额的账户。

任务实施

一、月末结账业务流程

出纳员李小玲月末结账业务流程如图5-3-1所示。

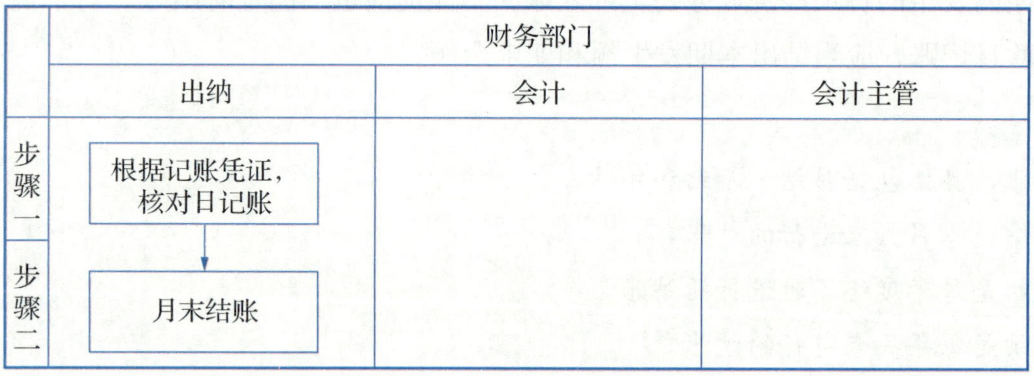

财务部门		
出纳	会计	会计主管
步骤一　根据记账凭证，核对日记账		
步骤二　月末结账		

图5-3-1　月末结账业务流程

步骤一： 根据记账凭证，核对日记账。

结账前，将本期发生的经济业务事项全部登记入账，并保证其正确性。若发现漏账、错账，应及时补记、更正。企业不得为赶编会计报表而提前结账或将本期发生的经济业务拖延至下期登账，也不能先编会计报表而后结账。

步骤二： 结算出库存现金、银行存款日记账的本期发生额和余额。

二、月末结账的方法

（1）在该月最后一笔经济业务的记录下面画一条通栏单红线，在红线的下一行"摘要"

栏内注明"本月合计"字样，在"借方""贷方"和"余额"栏内分别填入木月借方发生额合计数、贷方发生额合计数和月末余额，并在这一行下面画一条通栏单红线，表示本月结账完毕。

（2）对需逐月结算本年累计发生额的账户，应逐月计算从年初至本月份止的累计发生额，并登记在"本月合计"的下一行，在"摘要"栏内注明"本年累计"字样，并在这一行下面画一条通栏单红线，以便与下月发生额划清，如图5-3-2所示。

库存现金日记账　　15

2021年		凭证编号	摘　要	对应科目	借方 千百十万千百十元角分	贷方 千百十万千百十元角分	借或贷	余额 千百十万千百十元角分
月	日							
9	1		期初余额		2 5 0 0 0 0	1 2 3 5 0 0 0	借	1 4 0 0 0 0
9	7	记2	报销办公费			1 0 0 0 0 0	借	1 3 0 0 0 0
9	7		本日合计			1 0 0 0 0 0	借	1 3 0 0 0 0
9	10	记8	收到货款		1 3 6 0 0 0 0		借	2 6 6 0 0 0 0
9	10		本日合计		1 3 6 0 0 0 0		借	2 6 6 0 0 0 0
9	15	记12	存现			1 0 0 0 0 0 0	借	1 6 6 0 0 0 0
9	15		本日合计			1 0 0 0 0 0 0	借	1 6 6 0 0 0 0
9	20	记16	报销差旅费			4 6 0 0 0 0	借	1 2 0 0 0 0
9	20		本日合计			4 6 0 0 0 0	借	1 2 0 0 0 0
9	23	记18	提取备用金		6 0 0 0 0 0		借	1 8 0 0 0 0
9	23		本日合计		6 0 0 0 0 0		借	1 8 0 0 0 0
9	28	记25	收到员工还款		6 0 0 0 0		借	1 8 6 0 0 0
9	28		本日合计		6 0 0 0 0		借	1 8 6 0 0 0
9	30	记28	收到赔偿款		5 0 0 0 0		借	1 9 1 0 0 0
9	30	记30	报销维修费			2 8 0 0 0 0	借	1 6 3 0 0 0
9	30		本日合计		5 0 0 0 0	2 8 0 0 0 0	借	1 6 3 0 0 0
			本月合计		2 0 7 0 0 0 0	1 8 4 0 0 0 0	借	1 6 3 0 0 0
			本年累计		4 5 7 0 0 0 0	3 0 7 5 0 0 0	借	1 6 3 0 0 0

图5-3-2 现金日记账（月结）

提示：

•部分企业月末结账时，直接在该月该日最后一笔经济业务下面画一条通栏单红线，这种做法也是可以的。

•部分企业月末结账时，只结出"本月合计"而不结出"本年累计"，这种做法也是可以的，具体做法可根据企业情况而定。

•12月末的"本年累计"就是全年累计发生额，全年累计发生额下通栏画双红线。

•不管是现金日记账还是银行存款日记账的日结、月结、年结等，其结账方法都是一样的。

任务 5.4　编制资金报表

任务描述

　　2021 年 10 月 8 日早上，财务部负责人林国昌对出纳员李小玲说："小李，把 9 月份的资金报表给我一份，我看一下资金情况。"李小玲想："什么是资金报表？我怎么没听过呢？我应该怎么做呢？"李小玲只登记了现金日记账和银行存款日记账，并进行了日清月结，觉得林经理看看日记账就清楚了。库存现金日记账、银行存款日记账分别如图 5-4-1、图 5-4-2 所示。李小玲应该完成如下任务：

　　1. 复核库存现金、银行存款日记账；

　　2. 编制资金报表。

库存现金日记账　　15

2021年 月	日	凭证编号	摘要	对应科目	借方 千百十万千百十元角分	贷方 千百十万千百十元角分	借或贷	余额 千百十万千百十元角分
9	1		期初余额		2500000	1235000	借	1400000
9	7	记2	报销办公费			100000	借	1300000
9	7		本日合计			100000	借	1300000
9	10	记8	收到货款		1360000		借	2660000
9	10		本日合计		1360000		借	2660000
9	15	记12	存现			1000000	借	1660000
9	15		本日合计			1000000	借	1660000
9	20	记16	报销差旅费			460000	借	1200000
9	20		本日合计			460000	借	1200000
9	23	记18	提取备用金		600000		借	1800000
9	23		本日合计		600000		借	1800000
9	28	记25	收到员工还款		60000		借	1860000
9	28		本日合计		60000		借	1860000
9	30	记28	收到赔偿款		50000		借	1910000
9	30	记30	报销维修费			280000	借	1630000
9	30		本日合计		50000	280000	借	1630000
			本月合计		2070000	1840000	借	1630000
			本年累计		4570000	3075000	借	1630000

图 5-4-1　库存现金日记账

银行存款日记账　　　　　　20

2021年 月	日	凭证编号	摘　要	对应科目	借方 千百十万千百十元角分	贷方 千百十万千百十元角分	借或贷	余额 千百十万千百十元角分
9	1		期初余额		2 2 3 0 0 0 0 0	1 1 2 0 0 0 0 0	借	3 4 1 1 7 7 2 6
9	7	记2	收到货款		4 0 0 0 0 0		借	3 4 5 1 7 7 2 6
9	7	记8	支付运费			1 0 0 0 0 0	借	3 4 4 1 7 7 2 6
9	7		本日合计		4 0 0 0 0 0	1 0 0 0 0 0	借	3 4 4 1 7 7 2 6
9	20	记12	预付货款			4 5 0 0 0 0 0	借	2 9 9 1 7 7 2 6
9	20	记16	提取备用金			1 0 0 0 0 0 0	借	2 8 9 1 7 7 2 6
9	20		本日合计			5 5 0 0 0 0 0	借	2 8 9 1 7 7 2 6
9	30	记28	收到存款利息		1 5 6 7 3 5		借	2 9 0 7 4 4 6 1
9	30	记30	付材料款			8 8 0 0 0 0	借	2 8 1 9 4 4 6 1
9	30		本日合计		1 5 6 7 3 5	8 8 0 0 0 0	借	2 8 1 9 4 4 6 1
			本月合计		5 5 6 7 3 5	6 4 8 0 0 0 0	借	2 8 1 9 4 4 6 1
			本年累计		2 2 8 5 6 7 3 5	1 7 6 8 0 0 0 0	借	2 8 1 9 4 4 6 1

图 5-4-2　银行存款日记账

知识准备

　　资金报表主要用于反映一段时间内企业资金的收支、结余等情况。及时、准确地编制资金报表，能为管理层经营决策提供依据。

　　出纳人员除了登记每天的收支流水账外，月末还要总结本月的工作成果，其中的一项工作就是编制资金报表。因此，编制并提供资金报表是出纳人员又一项必不可少的重要工作。

　　资金报表分为日报表、月报表、季报表等。

　　资金报表格式如图 5-4-3 所示。

资金报表

编制单位：　　　　　期间：　　　　　编制日期：　　　　　单位：元

收支项目	资金使用合计	工商银行济南分行利华支行	库存现金	备注
上月结余数				
收入项目				
销售收入款				
个人偿还借款				
银行贷款				
其他收入				
本月收入合计				
支出项目				
支付原料货款				
支付工资				
支付其他日常费用				
偿还贷款				
其他支出				
工程款				
设备款				
预付款				
本月支出合计				
本期资金结余				

复核人：　　　　　　　　　　　编制人：

图 5-4-3　资金报表格式

> **提示:**
>
> 　　资金报表的格式可根据各公司或使用者的需要进行设计，以保证能够满足资金管理和分析的需要。
>
> 　　如果企业资金流量较大，出纳需每天编制日报表；如果企业资金流量不大，一般只编制月报表即可。

任务实施

一、编制资金报表业务流程

出纳员李小玲编制资金报表流程如图 5-4-4 所示。

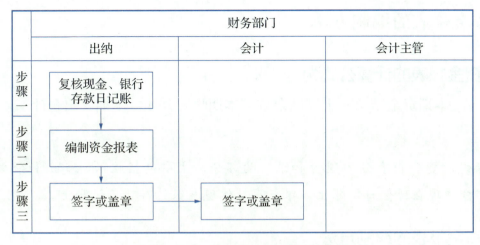

图 5-4-4　编制资金报表业务流程

步骤一： 复核库存现金、银行存款日记账。

根据记账凭证复核库存现金、银行存款日记账，保证无错记、漏记，保证账簿记录的正确性、完整性。

步骤二： 编制资金报表。

根据现金日记账、银行存款日记账编制资金报表，如图 5-4-5 所示。

步骤三： 签字或盖章。

资金报表

编制单位：山东省鲁万食品有限公司　　期间：2021 年 9 月　　编制日期：2021 年 10 月 8 日　　单位：元

收支项目	资金使用合计	工商银行济南分行利华支行	库存现金	备注
上月结余数	327,632.00	341,177..26	14,000.00	
收入项目				
销售收入额	17,600.00	4,000.00	13,600.00	
个人偿还借款	600.00		600.00	
银行贷款	0.00			
其他收入	8,067.00	1,567.35	6,500.00	
本月收入合计	26,267.35	5 567.35	20,700.00	
支出项目				
支付原料货款	8,800.00	8,800		
支付工资				
支付其他日常费用	8,400.00		8,400.00	
偿还贷款				
其他支出	21,000.00	11,000.00	10,000.00	
工程款				
设备款				
预付款	45,000.00	45,000.00		
本月支出合计	83,200.00	64,800.00	18,400.00	
本期资金结余	298,244.61	281,944.61	16,300.00	

复核人：方玉平　　　　　　　　　　　　　　编制人：李小玲

图 5-4-5　资金报表

二、资金报表的编制方法

（一）资金报表的计算公式为

本期资金结余 = 上期结余数 + 本期收入合计 − 本期支出合计

> **知识链接**
> 　　一般来说，资金报表分为现金和银行两部分，主要包括收入、支出和余额这三个项目。现金部分体现在现金日记账上，银行存款体现在银行存款日记账上。

（二）资金报表的编制方法

（1）填列上期结余数。

库存现金的上期结余，体现在现金日记账的期初余额上。

银行存款的上期结余，体现在银行存款日记账的期初余额上。

（2）根据日记账借方，填列收入项目。

（3）根据日记账贷方，填列支出项目。

（4）计算、填写资金使用合计。

（5）计算、填写本期资金结余。

本期资金结余 = 上期结余数 + 本期收入的合计数 − 本期支出的合计数

项目小结

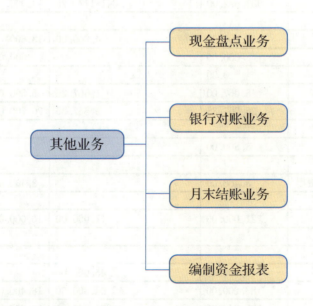

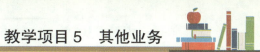

考核评价

本项目考核采用百分制，采取过程考核与结果考核相结合的原则，注重技能考核。

过程考核/40%				结果考核/60%	
职业态度	组织纪律	学生互评	实训练习	考核序号	分值
根据学生课堂表现，采取扣分制	考勤与课堂纪律	小组内同学互评，组间互评	教师根据学生提交的实训报告情况进行评价	现金盘点业务	10
				银行对账业务	10
				银行存款余额调节表业务	10
				月末结账业务	20
				资金报表业务	10